北京市自然灾害综合风险普查100问

主　编　张　译　杨伯钢
副主编　余永欣　刘博文

·北京·

内 容 提 要

本书是一本介绍北京市第一次全国自然灾害综合风险普查的科学技术著作。本书立足北京，辐射京津冀，面向全国，全面介绍了北京市第一次全国自然灾害综合风险普查开展的背景、目标和意义，并着重介绍了自然灾害综合风险普查的总体方案和灾害致灾调查、承载体调查、历史灾害调查、综合减灾资源调查、重点隐患调查、评估与区划等内容与组织实施。自然灾害综合风险普查工作可为国家和各地方政府有效开展自然灾害防治和应急管理工作，切实保障社会经济可持续发展提供权威的灾害综合风险信息和科学决策依据。

本书可以作为北京市第一次全国自然灾害综合风险普查工作者的工作指南；亦可为应急灾害、自然资源、国土规划、住建、地震等政府部门开展灾害预警、风险防治、抗震救灾等工作提供科学指导；同时，也是一本在校学生开展防灾减灾教育不可多得的一本科普知识读物。

图书在版编目（CIP）数据

北京市自然灾害综合风险普查100问 / 张译，杨伯钢主编. -- 北京 : 中国水利水电出版社，2022.5
ISBN 978-7-5226-0626-2

Ⅰ. ①北… Ⅱ. ①张… ②杨… Ⅲ. ①自然灾害－风险管理－北京－问题解答 Ⅳ. ①X432-44

中国版本图书馆CIP数据核字(2022)第067281号

书　名	**北京市自然灾害综合风险普查100问** BEIJNG SHI ZIRAN ZAIHAI ZONGHE FENGXIAN PUCHA 100 WEN
作　者	主　编　张　译　杨伯钢 副主编　余永欣　刘博文
出版发行	中国水利水电出版社 （北京市海淀区玉渊潭南路1号D座　100038） 网址：www.waterpub.com.cn E-mail：sales@mwr.gov.cn 电话：（010）68545888（营销中心）
经　售	北京科水图书销售有限公司 电话：（010）68545874、63202643 全国各地新华书店和相关出版物销售网点
排　版	中国水利水电出版社微机排版中心
印　刷	北京中献拓方科技发展有限公司
规　格	170mm×240mm　16开本　6.5印张　97千字
版　次	2022年5月第1版　2022年5月第1次印刷
印　数	001—350册
定　价	**58.00**元

《北京市自然灾害综合风险普查100问》编委会

前言

唐代诗人白居易有这样一首诗《大水》，诗曰："浔阳郊郭间，大水岁一至。闾阎半飘荡，城堞多倾坠。苍茫生海色，渺漫连空翠。风卷白波翻，日煎红浪沸……"

我们生活在这个蔚蓝色的星球上，创造了无数辉煌璀璨的文明。从古至今，人与自然灾害的抗争却一刻也未曾停歇。甚至可以说，人类文明史就是一部与自然灾害抗争的血泪史。一直以来，中国是世界上自然灾害最为严重的国家之一，灾害种类多、分布地域广、发生频率高、造成损失重，这是我国的基本国情之一。四川汶川地震、云南鲁甸地震、陕西山阳山体滑坡、汛期多省发生洪涝灾害……这些自然灾害给人民生命财产安全和生产生活造成了严重损失。

党的十八大以来，以习近平同志为核心的党中央高度重视防灾减灾救灾工作。习近平总书记多次在不同场合就防灾减灾救灾工作发表重要讲话或作出重要指示，多次深入灾区考察，始终把人民群众的生命安全放在第一位。2018 年 10 月，习近平总书记主持召开中央财经委员会第三次会议，部署自然灾害防治九项重点工程，将灾害风险调查和重点隐患排查列为第一项工程，强调要开展全国自然灾害综合风险普查。

为贯彻落实习近平总书记的重要指示精神，全面掌握我国自然灾害风险隐患情况，提升全社会抵御自然灾害的综合防范能力，经李克强总理批准，国务院决定于 2020—2022 年开展第一次全国自然灾害综合风险普查。2020 年 6 月，国务院办公厅印发《国务院办公厅关于开展第一次全国自然灾害综合风险普查的通知》（国办发〔2020〕12 号）。

国情国力，安邦之基。全国自然灾害综合风险普查是一项重大的国情国力调查，是提升自然灾害防治能力的基础性工作。新中国成立以来首次开展的自然灾害综合风险普查，把握“灾害风险”定位，突出“综合减灾”需要，在全国范围内获取地震灾害、地质灾害、气象灾害、水旱灾害、海洋灾害、森林草原火灾等六大类22种灾害致灾信息，人口、经济、房屋、基础设施、公共服务系统、三次产业等重要承灾体信息，掌握历史灾害信息，查明区域综合减灾能力，开展综合隐患调查与评估，开展单灾种和综合风险评估、风险区划和灾害防治区划。

2020年11月，全国31个省（自治区、直辖市）和新疆生产建设兵团、全国试点地区成立普查领导小组及其办公室。2021年3月，全国所有市、县级行政区均建立普查领导小组及其办公室，普查工作组织体系全面形成。2020年6—11月，北京房山、山东岚山率先在全国迈出普查实践的第一步，试点“大会战”先行先试、成果丰硕。目前，全国普查工作正如火如荼开展中。

风险普查，关系千家万户，需要每个人的参与。作为中国特色社会主义进入新时代后的一次重大国情国力调查，此次风险普查要努力实现“家喻户晓，人人皆知”。让风险普查“走”进寻常百姓家，宣传是必不可缺的关键环节。因此，根据国务院普查办的部署和实际，我们组织北京地区相关行业专家编写了《北京市自然灾害综合风险普查100问》。本书力求通俗易懂，希望通过本书的出版，让广大读者和百姓了解自然灾害综合普查的相关知识，突出北京市第一次自然灾害风险普查工作的特色，也可以把它当做一本非常有意义的科普读物，引导社会各界了解、认同、配合、支持北京风险普查工作，分阶段、有节奏、重实效扎实做好普查宣传工作，为风险普查的顺利开展营造良好的舆论氛围。

本书共计11部分，第一部分介绍自然灾害风险普查基础知识；第二部分介绍自然灾害综合风险普查的目标内容；第三部分介绍自然灾害综合风险普查总体方案；第四部分介绍主要灾害致灾调查方案；第五部分介绍承灾体调查实施方案；第六部分介绍历史灾害调查方案；第七部分介绍综合减灾资源调查方案；第八部分介绍重点隐患调查方案；第九部分介绍评估与区划方案；第十部分介绍质量控制方案。第十一部分介绍自然灾害综合风险普查的宣传动员。

防灾减灾、抗灾救灾是人类生存发展的永恒课题。牢固树立安全发展理念，坚持生命至上、安全第一，落实责任、完善体系、整合资源、攻坚克难、久久为功，千方百计提升防灾减灾救灾能力，我们就能凝聚起建设好、守护好美丽家园的强大力量。

自然灾难，既是人类无奈的“悲怆奏鸣曲”，也是展现人类文明光辉的“命运交响曲”。惟愿，山雨欲来时，未雨绸缪；风暴汛至时，坚城已就。让我们行动起来全力以赴，确保江河无虞。

在本书编写过程中，查阅和引用了国内外相关自然灾害普查相关资料，在此表示感谢！

本书在编写过程中得到了国家应急灾害相关部门、北京市应急管理局及市属各区应急分局等行业相关专家的帮助和指导，得到了相关北京市自然风险灾害普查承担和参与单位领导及同行的大力支持，得到了北京市规划和自然资源委员会等相关单位以及北京市测绘设计研究院相关技术人员的支持，同时许多应急灾害和测绘地理信息行业专家学者在本书出版过程中提出了大量宝贵意见，在此一并表示衷心的谢意！

由于编者水平有限，编写时间仓促，书中难免存在一些缺陷或不妥之处，敬请读者批评指正，提出宝贵意见，以便我们后续进一步修改、完善本书内容。

作者

2022 年 2 月

目录

第一部分 基础知识解析

1.1 普查是什么？

普查是指一个国家或者一个地区为详细调查某项重要的国情、国力，专门组织的一次性大规模的全面调查，其主要用来调查不能够或不适宜用定期全面的调查报表来收集的资料，来搞清重要的国情、国力。普查是为了某种特定的目的而专门组织的一次性的全面调查。普查一般是调查属于一定时点上的社会经济现象的总量，但也可以调查某些时期现象的总量，乃至调查一些并非总量的指标。普查涉及面广，指标多，工作量大，时间性强。为了取得准确的统计资料，普查对集中领导和统一行动的要求最高。

1.2 近年来开展的重大普查有哪些？

为适应完善社会主义市场经济体制的需要，并与国家编制五年规划更加衔接，推动国民经济核算和统计调查体系的综合配套改革，经国务院批准，国家统计局、国家发展和改革委员会及财政部联合印发了《国家统计局 国家发展和改革委员会 财政部关于调整国家普查项目和周期性安排的通知》（国统字〔2003〕44 号），确立了人口普查、农业普查和经济普查三项国家周期性普查制度。其中，全国人口普查每 10 年进行一次，在尾数逢 0 的年份实施，标准时点为普查年度的 11 月 1 日零时；全国农业普查每 10 年进行一次，在尾数逢 6 的年份实施，标准时点为普查年度的 12 月 31 日 24 时；全国经济普查每 5 年进行一次，在尾数逢 3 和 8 的年份实施，标准时点为普查年度的 12 月

31 日。为全面掌握我国地理国情现状，满足经济社会发展和生态文明建设的需要，国务院决定于 2013—2015 年开展第一次全国地理国情普查工作。国务院于 2010 年 1 月下发《国务院关于开展第一次全国水利普查的通知》，决定于 2010—2012 年开展第一次全国水利普查。全国国土调查、全国污染源普查是我国重要的基础国情国力调查，每 10 年开展一次。自然灾害综合风险普查在我国是第一次。

人口普查 7 次：人口普查是对全国现有人口普遍地、逐户逐人地进行一次全项调查登记，数据汇总分析报告，普查重点是了解各地人口发展变化、性别比例、出生性别比等。

农业普查 3 次：农业普查主要采取普查人员直接到户、到单位访问登记的办法，全面收集农村、农业和农民有关情况，为研究制定农村经济社会发展规划和新农村建设政策提供依据，为农业生产经营者和社会公众提供统计信息服务。

经济普查 4 次：经济普查是指为了全面掌握我国第二产业、第三产业的发展规模、结构和效益等情况，建立健全基本单位名录库及其数据库系统，为研究制定国民经济和社会发展规划，提高决策和管理水平奠定基础所进行的全面性调查。

地理国情普查获取的信息主要包括：①自然地理要素的基本情况，包括地形地貌、植被覆盖、水域、荒漠与裸露地等的类别、位置、范围、面积等，掌握其空间分布状况；②人文地理要素的基本情况，包括与人类活动密切相关的交通网络、居民地与设施，以及地理单元等的类别、位置、范围等，掌握其空间分布现状。

水利普查将对全国所有的江河湖泊、水利工程、水利机构以及重点社会经济用水户进行调查，不是水利某个单项业务的调查，而是包含了河流湖泊基本情况、水利工程基本情况、河湖开发治理保护情况、经济社会用水、水土保持情况、行业能力建设情况等 6 个方面的综合性、系统性普查，以及灌区和地下水 2 个专项普查。除了刚完成的水资源调查评价内容外，基本涵盖了水利工作所涉及的所有方面。

国土调查 3 次：对全国陆域范围，国土利用自然资源现状进行全面调查，包括自然资源的利用现状、自然资源的权属状况，还有自然属性和经济属性方面的调查。

污染源普查2次：普查对象是中华人民共和国境内有污染源的单位和个体经营户。范围包括：工业污染源，农业污染源，生活污染源，集中式污染治理设施，移动源及其他产生、排放污染物的设施。

1.3 什么是自然灾害综合风险普查?

自然灾害是指给人类生存带来危害或损害人类生活环境的自然现象。自然灾害系统是由孕灾环境、致灾因子和承灾体共同组成的地球表层变异系统，灾情是这个系统中各子系统相互作用的结果。“自然灾害”是人类依赖的自然界中所发生的异常现象，且对人类社会造成了危害的现象和事件。它们之中既有地震、火山爆发、泥石流、海啸、台风、龙卷风、洪水等突发性灾害；也有地面塌陷、地面沉降、土地沙漠化、干旱、海岸线变化等在较长时间中才能逐渐显现的渐变性灾害；还有臭氧层变化、水体污染、水土流失、酸雨等人类活动导致的环境灾害。这些自然灾害和环境破坏之间又有着复杂的相互联系。人类要从科学的角度上认识这些灾害的发生、发展以及尽可能减小它们所造成的危害，已是国际社会的一个共同难题。自然灾害是指由于自然异常变化造成的人员伤亡、财产损失、社会失稳、资源破坏等现象或一系列事件。它的形成必须具备两个条件：一是要有自然异变作为诱因，二是要有受到损害的人、财产、资源作为承受灾害的客体。

全国自然灾害综合风险普查，是一项重大的国情、国力调查，是提升自然灾害防治能力的基础性工作。普查对象包括与自然灾害相关的自然和人文地理要素，市、区两级人民政府及有关部门，乡镇人民政府和街道办事处，村民委员会和居民委员会，重点企事业单位和社会组织，部分居民等。根据我国自然灾害种类的分布、影响程度和特征，本次普查涉及的自然灾害类型主要有地震灾害、地质灾害、气象灾害、水旱灾害、海洋灾害、森林和草原火灾等。普查内容包括主要自然灾害致灾调查与评估，人口、房屋、基础设施、公共服务系统、三次产业、资源和环境等承灾体调查与评估，历史灾害调查与评估，综合减灾资源（能力）调查与评估，重点隐患调查与评估，主要灾害风险评估与区划以及灾害综合风险评估与区划。

通过开展普查，摸清全国自然灾害风险隐患底数，查明重点地区抗灾能力，客观认识全国和各地区自然灾害综合风险水平，为中央和地方各级人民政府有效开展自然灾害防治工作、切实保障经济社会可持续发展提供权威的灾害风险信息和科学决策依据。

1.4　本次普查的开展背景是什么？

我国是世界上自然灾害影响最严重的国家之一，灾害种类多，地域分布广，发生频率高，造成损失重，灾害风险高，这是一个基本国情。中国的灾害种类多，21世纪以来，除现代火山活动外，地震、台风、洪涝、干旱、风沙、风暴潮、崩塌、滑坡、泥石流、风雹、寒潮、热浪、病虫鼠害、森林草原火灾、赤潮等几乎所有灾害都在中国发生过。中国的自然灾害分布地域广、区域差异大，各省（自治区、直辖市）均不同程度受到自然灾害影响，全国70%以上的城市、50%以上的人口分布在气象、地震、地质、海洋等自然灾害严重的地区，自然灾害发生的频率高，造成的损失大。中国广大城市整体设防水平偏低，中国广大农村、牧区对地震、台风、洪水、干旱和火灾几乎无设防。设防水平低是中国灾害形成的主要原因，容易造成“小灾大害”的局面。

从与全球其他国家和地区的对比来看，中国的因灾死亡人口风险与财产损失风险均排在全球前列。在直接造成人员伤亡的九大类自然灾害中，中国有三种居全球首位（滑坡、热带气旋、寒潮），五种名列全球前三（在前三种基础上增加洪水和风暴潮），地震灾害则名列全球第五。在造成严重财产损失的五大类自然灾害中，中国全部位列全球前三。其中，热带气旋位列全球之首，洪水和风暴潮位列全球第二，地震灾害则名列全球第三，沙尘暴灾害名列全球第十。地震、洪水、热带气旋等主要灾害的风险位列世界前三。

我国地震、国土、气象、水利、海洋、农业、林业等行业部门、部分省份陆续开展了单灾种的灾害风险调查工作，初步形成了一套由灾害风险普查、科学确定致灾阈值、灾害风险区划、基于阈值和定量化风险评估的风险预警、业务校验和效益评估组成的技术方法，制定了相关规范和技术指南，指导开展地震重点区、中小河流域、城市易涝区、山洪沟、滑坡、泥石流、森林和草原火灾等的隐患排查。2017 年，原民政部国家减灾中心开展了中国县域自然灾害综合风险与减灾能力调查试点工作，是我国进行灾害综合风险调查的初步尝试。

习近平总书记多次就加强应急管理与防灾减灾救灾工作作出重要论述。2016 年 7 月 28 日，习近平总书记在河北唐山调研考察时强调，防灾减灾救灾事关人民生命财产安全，事关社会和谐稳定，是衡量执政党领导力、检验政府执行力、评判国家动员力、体现民族凝聚力的一个重要方面。2018 年 5 月 12 日，习近平总书记向汶川地震十周年国际研讨会致信强调，人类对自然规律的认知没有止境，防灾减灾、抗灾救灾是人类生存发展的永恒课题。灾害风险综合防范事关人民生命安全，事关经济社会和生态环境的可持续发展。2018 年 10 月 10 日，习近平总书记主持召开中央财经委员会第三次会议发表重要讲话，从全局和战略的高度，深刻阐述了自然灾害防治的重要意义，强调加强自然灾害防治关系国计民生，要建立高效科学的自然灾害防治体系，提高全社会自然灾害防治能力，为保护人民群众生命财产安全和国家安全提供有力保障。会议就提高我国自然灾害防治能力提出总体要求、基本原则，明确九项重点工程，提出要实施灾害风险调查和重点隐患排查工程，掌握风险隐患底数。

2019 年 11 月 29 日，习近平总书记在主持中共中央政治局第十九次集体学习时强调，要加强风险评估和监测预警，加强对危化品、矿山、道路交通、消防等重点行业领域的安全风险排查，提升多灾种和灾害链综合监测、风险早期识别和预报预警能力。摸清风险隐患底数，是开展风险评估和监测预警的基础。灾害风险调查和重点隐患排查工程是自然灾害防治九项重点工程之一，是提高我国自然灾害防治能力的重要工作。

为有效提升全社会抵御自然灾害的综合防范能力，形成支撑自然灾害风险管理的全要素数据资源体系，2020年6月8日国务院办公厅发布《国务院办公厅关于开展第一次全国自然灾害综合风险普查的通知》（国发办〔2020〕12号），定于2020—2022年开展第一次全国自然灾害综合风险普查工作。

2020年11月23日，北京市人民政府印发了《北京市人民政府办公厅关于开展第一次全国自然灾害综合风险普查的通知》（京政办发〔2020〕23号），对北京市第一次自然灾害综合风险普查的对象和内容、时间安排、组织实施、经费保障等方面进行了部署。

1.5　本次普查的主要特征有哪些？

本次普查是自然灾害领域一次开创性的工作，突出表现在以下四个方面。

（1）首次聚合绝大多数涉灾行业部门协同开展普查，探索建立多部门协同普查的长效工作机制，这也是切实改变传统的“九龙治水”，解决部门数据共享壁垒的具体行动。

（2）首次实现自然灾害风险要素的“全集”调查。本次普查既涉及多个自然灾害类型的致灾要素调查，也涉及房屋建筑、交通设施等重要承灾体要素的调查，还涉及历史灾害、综合减灾资源（能力）的调查。这些工作与以往开展的单要素、单部门、部分地区的调查有明显不同。

（3）首次实现不同行业部门采用统一的技术框架开展风险评估工作。之前，不同行业部门对自然灾害风险的理解不完全一致，评估方法也不尽相同，本次普查要实现自然灾害综合风险评估，就要在统一的技术框架下实施。

（4）首次实现从风险要素调查到综合防治区划的链条式普查。本次普查契合自然灾害风险管理理念，内容设计上从风险要素调查、风险评估、风险区划到防治区划，完成普查工作将为各地区、各部门的灾害风险管理工作提供有力支撑。

1.6　本次普查的标准时点是什么?

普查标准时点：2020年12月31日。

1.7　本次普查的组织实施模式是什么?

全国自然灾害综合风险普查涉及范围广、参与部门多、协同任务重、工作难度大，按照国务院确定的“全国统一领导、部门分工协作、地方分级负责、各方共同参与”的模式组织实施。

1.8　本次普查实施阶段是怎么划分的?

根据任务规划与设计，普查实施分为两个阶段。

1.8.1　前期准备与试点阶段

2020年，建立各级普查工作机制，落实普查人员和队伍，开展普查宣传培训；开展各级已有成果、基础数据与图件的清查与整理加工；开发普查软件系统；组织开展试点，形成第一批普查成果。

编制普查方案。组织编制《第一次全国自然灾害综合风险普查总体方案》（国灾险普办发〔2020〕2号）《第一次全国自然灾害综合风险普查实施方案（试点版）》（国灾险普办发〔2020〕13号），以及配套的相关技术标准规范等技术文件。省级按照国家方案的相关要求，结合本地区实际，统筹考虑地市级、县级普查任务，编制普查方案和实施细则。

建立普查工作机制，落实队伍，开展宣传培训。国家和地方建立普查工作机制，落实专家技术团队，划清各级各部门的职责与任务分工，形成工作合力。充分利用多种形式和手段，广泛开展宣传培训工作，提高普查涉及对象（管理）单位及相关人员专业能力和参与普查的自觉性。

整理利用已有成果、基础数据与图件资料。国家和地方各级普查部门充分利用各部门开展的各类普查（调查）和评估成果，结合普查任务及内容需求，开展数据资料清查与整理，并作为普查的重要内容，按统一标准规范接入普查信息系统。

开发普查软件系统。国家层面组织开展软件系统、风险数据库等的设计与开发，并组织各级普查机构部署使用。

开展普查试点。在全国范围内先行开展普查试点工作，以省、市、县为基本试点单元。测试、完善普查内容设计、技术方案设计和组织实施方案设计，修改完善相关技术标准规范、数据库与软件设计和培训教材。在国家的统一指导下，各试点单位开展普查工作，形成全国自然灾害综合风险普查的第一批成果。

1.8.2　全面调查、评估与区划阶段

2021—2022 年，完成全国灾害风险调查和灾害风险评估，编制灾害综合防治区划图，汇总普查成果。

普查对象清查登记。针对各级行政区开展普查对象清查工作，摸清普查对象的数量、分布和规模，准确界定普查对象的普查方式及填报单位。国家层面设计形成有关清查内容与指标体系及技术要求，会同省级形成清查实施方案，地方各级组织开展清查工作、全面调查。省级组织市、县两级，通过档案查阅、实地访问、现场调查、推算、估算等方法获取普查数据，并通过普查软件进行填报，完成逐级审核上报。

汇总分析。省级负责审核汇集形成本地区普查数据成果，并按照统一要求向国家层面提交。国家层面组织对各省份提交的普查数据开展质量检查、验收和成果汇总工作，形成国家级普查数据库。

风险评估与区划。国家和省级按照综合风险评估标准和综合风险区划及防治区划规范，开展国家-省-市-县四级和其他评估区划单元的风险评估、风险区划与综合防治区划工作。

成果汇总。自下而上逐级报送各类成果，并统一纳入全国自然灾害综合风险普查成果管理系统；开展多层次、多角度成果分析，编制综合风险普查成果报告。国家和地方组织有关单位进行普查成果开发

应用研究，建立灾害综合风险普查与常态化灾害风险调查和隐患调查与评估业务工作相互衔接、相互促进的工作制度。

1.9 本次普查全国范围内的试点区域有哪些？

充分考虑各省份的差异，在全国范围内选择86个市（县）（6个地级行政区、80个县级行政区，合计122个县级行政区）开展普查试点工作。

在此基础上选择13个县级行政区（见表1-1）开展综合风险评估与区划工作。

表1-1 13个综合风险评估与区划试点县级行政区

省份	县（市、区）	所在市（州、盟）
北京	房山	房山
江西	大余	赣州
山东	岚山	日照
	博兴	滨州
河南	灵宝	三门峡
广西	东兴	防城港
四川	金堂	成都
贵州	播州	遵义
	福泉	黔南
陕西	灞桥	西安
甘肃	舟曲	甘南
内蒙古	西乌珠穆沁	锡林郭勒
黑龙江	丰林	伊春

水利部门试点单位较为特殊。

1.10 本次普查有哪些信息化技术的革新？

第一次全国自然灾害综合风险普查覆盖的灾害种类多、涉及部门多、成果形式多、任务综合性极强，因而在技术上进行了全面统筹和攻关。

（1）充分综合运用多样化的技术手段保障任务实施。针对任务内容，工程勘测、遥感解译、站点观测、问卷调查、资料调查、统计分析、建模仿真、地图绘制、抽查核查等多样化的手段综合运用。

（2）内外业一体化技术同步开展。主要自然灾害孕灾致灾调查中，内业的数据整理、遥感解译与外业的工程勘探、实地踏勘等有机结合；承灾体调查中内业的建筑物轮廓勾绘与外业的灾害属性调查相互衔接；历史自然灾害调查中，内业的数据资料分析与外业的实地核验交叉进行；减灾资源调查中，内业的统计分析与外业的问卷调查同步推进。

（3）自然要素与社会属性兼顾。既考虑了自然灾害孕育发生的自然要素，也考虑了自然灾害对社会经济影响的社会属性；既调查和评估了自然要素的客观规律，也调查和评估了诸如减灾能力等社会属性的现实现状。

（4）遥感、地理信息系统、大数据、云计算等新技术充分应用。充分运用高分辨率遥感影像，辅助各类调查和评估；充分利用地理信息系统的空间展示和管理功能，开展各类空间信息统一管理、分析评估和制图；搭建云计算环境，构建风险普查大数据管理与处理系统，实现全国调查和评估工作的实时在线处理。

这次普查工作将实现信息的全面空间化；将获得空间覆盖完整的城乡房屋建筑及主要公共服务设施的详细信息；将形成相对完备的主要历史自然灾害库；将全面调查评估各级各地区减灾资源和能力；将实现自然灾害综合隐患评估和多灾种综合风险评估；这都将是这次普查的亮点。

1.11　本次普查与其他普查有何联系？

充分利用第一次全国地理国情普查、第一次全国水利普查、第三次全国国土调查、第三次全国农业普查、第四次全国经济普查和地震区划与安全性调查、重点防洪地区洪水风险图编制、全国山洪灾害风险调查评价、地质灾害调查、第九次森林资源清查、草地资源调查、全国气象灾害普查试点、海岸带地质灾害调查等专项调查和评估成果，系统梳理本普查建设产生的新数据资料，支撑开展灾害综合风险普查与常态化灾害风险调查和隐患排查业务工作。

1.12　有哪些方面的成果应用？

国务院办公厅发布的《国务院办公厅关于开展第一次全国自然灾害综合风险普查的通知》（国办发〔2020〕12号），确立了“边普查、边应用、边见效”的基本原则，普查数据采集后就立即纳入防灾减灾救灾的实践工作，在行业应急管理、各类自然灾害防治中的风险评估、风险区划和综合监测预警等实际工作中予以应用。

（1）获取我国地震灾害、地质灾害、气象灾害、水旱灾害、海洋灾害、森林和草原火灾等主要灾害致灾信息，人口、房屋、基础设施、公共服务系统、三次产业、资源与环境等重要承灾体信息，历史灾害信息，掌握重点隐患情况，查明区域抗灾能力和减灾能力。

（2）以调查为基础、评估为支撑，客观认识当前全国和各地区致灾风险水平、承灾体脆弱性水平、综合风险水平、综合防灾减灾救灾能力和区域多灾并发群发、灾害链特征，科学预判今后一段时期灾害风险变化趋势和特点，形成全国自然灾害防治区划和防治建议。

（3）通过实施普查，建立健全全国自然灾害综合风险与减灾能力调查评估指标体系，分类型、分区域、分层级的国家自然灾害风险与减灾能力数据库，多尺度隐患识别、风险识别、风险评估、风险制图、风险区划、灾害防治区划的技术方法和模型库，开发综合风险和减灾能力调查评估信息化系统，形成一整套自然灾害综合风险普查与常态业务工作相互衔接、相互促进的工作制度。

第二部分 自然灾害综合风险普查的目标内容

2.13 本次普查的目标是什么？

第一次全国自然灾害综合风险普查的主要目标是通过组织开展第一次全国自然灾害综合风险普查，摸清全国灾害风险隐患底数，查明重点区域抗灾能力，客观认识全国和各地区灾害综合风险水平，为国家和地方各级政府有效开展自然灾害防治和应急管理工作、切实保障社会经济可持续发展提供权威的灾害风险信息和科学决策依据。

（1）摸清自然灾害风险底数。全面获取我国地震灾害、地质灾害、气象灾害、水旱灾害、海洋灾害、森林和草原火灾等六大类 22 种主要灾害致灾信息，人口、房屋、基础设施、公共服务系统、三次产业、资源与环境等重要承灾体信息，历史灾害信息，掌握重点隐患情况，查明区域抗灾能力和减灾能力。

（2）把握自然灾害风险规律。以调查为基础、评估为支撑，客观认识当前全国和各地区致灾风险水平、承灾体脆弱性水平、综合风险水平、综合防灾减灾救灾能力和区域多灾并发群发、灾害链特征，科学预判今后一段时期灾害风险变化趋势和特点，形成全国自然灾害防治区划和防治建议。

（3）构建自然灾害风险防治的技术支撑体系。通过实施普查，建立健全全国自然灾害综合风险与减灾能力调查评估指标体系，分类型、分区域、分层级的国家自然灾害风险与减灾能力数据库，多尺度隐患识别、风险识别、风险评估、风险制图、风险区划、灾害防治区划的技术方法和模型库，开发综合风险和减灾能力调查评估信息化系统，形成一整套自然灾害综合风险普查与常态业务工作相互衔接、相互促进的工作制度。

普查成果将为我国开展自然灾害应急处置（包括应急指挥、救援协调、预案管理、监测预警、物资调配、灾情评估等）、自然灾害综合防治、综合灾害风险防范、自然灾害保险等提供基础科技支撑，也将为我国经济社会可持续发展的科学布局和功能区划、防范化解重大灾害风险提供重要科学依据，更好地保障人民群众生命财产安全和国家安全。

2.14 本次普查的主要任务是什么？

开展地震灾害、地质灾害、气象灾害、水旱灾害、海洋灾害、森林和草原火灾等风险要素全面调查，突出地震、洪水、台风、地质灾害，开展重点隐患调查与评估，查明区域抗灾能力，建立分类型、分区域的国家自然灾害综合风险与减灾能力数据库；开发灾害风险和减灾能力评估与制图系统，开展灾害风险评估，根据应用需要编制全国1∶1000000、省级1∶250000、市县级1∶50000或1∶100000自然灾害系列风险图，修订主要灾种区划，编制综合风险区划和灾害综合防治区划。具体任务如下。

（1）全面掌握风险要素信息。全面收集获取孕灾环境及其稳定性、致灾因子及其危险性、承灾体及其暴露度和脆弱性、历史灾害等方面的信息。充分利用已开展的各类普查、相关行业领域调查评估成果，根据地震灾害、地质灾害、气象灾害、水旱灾害、海洋灾害、森林和草原火灾等灾种实际情况和各类承灾体信息现状（包括各类在建承灾体），统筹做好相关信息和数据的补充、更新和新增调查。针对灾害防治和应急管理工作的需求，重点对历史灾害发生和损失情况，以及人口、房屋、基础设施、公共服务系统、三次产业、资源与环境等重要承灾体的灾害属性信息和空间信息开展普查。

（2）实施重点隐患调查与评估。针对灾害易发频发、多灾并发群发、灾害链发，承灾体高敏感性、高脆弱性和设防不达标，区域防灾减灾救灾能力存在严重短板等重点隐患，在全国范围内开展调查和识别，特别是针对地震灾害、地质灾害、气象灾害、水旱灾害、海洋灾害、森林和草原火灾等易发多发区的建筑物、重大基础设施、重大工程、重要自然资源等进行分析评估。

(3) 开展综合减灾资源（能力）调查与评估。针对防灾减灾救灾能力，统筹政府职能、社会力量、市场机制三方面作用，在国家、省、市、县各级开展全面调查与评估；并对乡镇、社区和企事业单位、居民等基层减灾能力情况开展抽样调查与评估。

(4) 开展多尺度区域风险评估与制图。制定国家、省、市、县灾害风险评估技术标准，建立风险评估模型库，开展地震灾害、地质灾害、气象灾害、水旱灾害、海洋灾害、森林和草原火灾等主要灾种风险评估、多灾种风险评估、灾害链风险评估和区域综合风险评估。建立风险制图系统，编制各级自然灾害风险单要素地图、单灾种风险图和综合风险图。

(5) 制（修）订灾害风险区划图和综合防治区划图。在上述各级系列风险图的基础上，重点制修订全国、省级、县级综合风险区划图和地震灾害风险区划、洪水风险区划图、台风灾害风险区划图、地质灾害风险区划图等。综合考虑我国当前和未来一段时期灾害风险形势、经济社会发展状况和综合减灾防治措施等因素，编制全国、省级、县级灾害综合防治区划图，提出区域综合防治对策。

2.15　本次普查的原则是什么?

普查工作按照“全国统一领导、部门分工协作、地方分级负责、各方共同参与”的原则组织实施。成立国务院第一次全国自然灾害综合风险普查领导小组，负责普查组织实施中重大问题的研究和决策。县级以上地方各级人民政府要设立相应的普查领导小组及其办公室。领导小组各成员单位要各司其职、各负其责、通力协作、密切配合，共同做好普查工作。

各省级人民政府是落实本地区灾害综合风险普查工作的责任主

体，负责本地区普查工作的组织实施，协调解决重大事项。市县两级按照实施方案要求做好普查相关工作。各地、各部门有序组织专家力量、企业事业单位和有关社会团体按照实施方案要求，参与普查工作。

全国自然灾害综合风险普查是我国灾害基本国情和国力的专项性普查，既要全面系统地调查灾害风险系统各个要素，又要突出多灾种综合、多要素综合、多方法综合，要合理划分普查对象，科学组织实施。要充分利用现有数据信息资源，共享普查成果。

各地在普查方案要求下遵循因地制宜的原则，根据灾害类型、灾害损失特征、地理环境等实际情况，制定灾害风险普查实施方案、阶段性目标和工作进度。试点调查先行，分步骤开展风险调查、重点隐患调查与评估和风险评估与区划工作。

2.16 本次普查包含的灾害种类有哪些?

根据我国自然灾害种类的分布、影响程度和特征，确定普查涉及的灾害类型主要有地震灾害、地质灾害、气象灾害、水旱灾害、海洋灾害、森林和草原火灾等。其中，水灾包括流域洪水、山洪，气象灾害包括暴雨、干旱、台风、高温、低温、风雹、雪灾、雷电等，海洋灾害包括风暴潮、海啸、海浪、海平面上升、海冰灾害。未列出的灾害种类不在本次普查范围之内。普查包括因自然灾害引发的重大安全生产事故隐患调查，不包括独立的安全生产事故调查。

2.17 本次普查分为哪几方面的内容?

第一次全国自然灾害综合风险普查主要普查内容分为以下 7 个方面：主要灾害致灾调查与评估，人口、房屋、基础设施、公共服务系统、三次产业、资源和环境等承灾体调查与评估，历史灾害调查与评估，综合减灾资源（能力）调查与评估，重点隐患调查与评估，主要灾害风险评估与区划，灾害综合风险评估与区划等。

2.18　本次普查的每个方面对应的任务是什么?

2.18.1　主要灾害致灾调查与评估

（1）地震灾害。在重点地区开展断层活动性鉴定、1∶50000活动断层填图、隐伏区活动断层及沉积层结构探测、近海海域活动断层调查等工作，获得全国主要活动断层的空间展布和活动性定量参数，评定活动断层的发震能力，建立京津地区沉积层标准结构模型，编制全国大陆和粤港澳大湾区近海海域1∶1000000、省级1∶250000区域地震构造图和县级1∶50000活动断层分布图。收集全国地震工程地质条件及其场地类别基本参数，在县级地区开展场地地震工程地质条件钻孔探测，评定不同地震动参数的场地影响，编制宏观场地类别分区图；建立全国地震危险性评价模型，编制完成全国1∶1000000、省级1∶250000地震危险性图。

（2）地质灾害。主要开展地质灾害中、高易发区1∶50000比例尺的地质灾害调查工作，获得地质灾害点空间分布、基本灾害特征信息、稳定性现状、孕灾地质背景条件属性等信息，建设国家-省-市多级动态更新的地质灾害数据库。编制全国1∶1000000、省级1∶250000、市县级1∶50000或1∶100000地质灾害危险性图。

（3）气象灾害。以县级行政区为基本单元，开展全国气象灾害的特征调查和致灾孕灾要素分析，针对主要气象灾害引发的人口死亡、农作物受灾、直接经济损失、房屋倒塌、基础设施损坏等影响，全面获取我国主要气象灾害的致灾因子信息、孕灾环境信息和特定承灾体致灾阈值，评估主要气象灾害的致灾因子危险性等级，建立主要气象灾害国家-省-市-县四级危险性基础数据库。编制全国1∶1000000、省级1∶250000、市县级1∶50000或1∶100000主要气象灾害危险性区划等专业图件。

（4）水旱灾害。开展全国暴雨洪水特征调查、暴雨洪水致灾孕灾要素分析，完成全国暴雨洪水易发区调查分析、全国水文（位）站特征值计算复核、流域产汇流查算图表；完成水文站网功能评价、统一水文测站高程基准；开展暴雨、洪水频率分析，更新全国暴雨频率图、大江大河主要控制断面洪水特征值图表，编制中小流域洪水频率图。以县级行政区、建制城市、重点生态保护区为基本统计单元，收集整理旱情资料，历次旱灾资料，蓄、引、提、调等抗旱水源工程能力，监测、预警、预报、预案、服务保障等非工程措施能力等相关基础资料，建立全国干旱灾害危险性调查数据库。

（5）海洋灾害。针对沿海区域，全面调查风暴潮、海浪、海啸、海平面上升、海冰等海洋灾害致灾孕灾情况，量化评估风暴潮、海浪、海啸、海平面上升、海冰等海洋灾害危险性，形成5个灾种全国1∶1000000、省级1∶250000、县级1∶50000尺度海洋灾害危险性分布图。

（6）森林和草原火灾。开展全国森林和草原可燃物调查、野外火源调查和气象条件调查（2000年以来），建设森林和草原火灾危险性调查与评估数据库。综合森林和草原可燃物、燃烧性因子、立地类型、野外火源以及气象条件等情况，结合已有资源数据、调查数据、多源遥感数据，进行森林和草原火灾危险性综合研判与分析，开展森林和草原火灾危险性评估，编制全国1∶1000000、省市级1∶250000或1∶500000、县级1∶50000的森林和草原火灾危险性分级分布图。

2.18.2　承灾体调查与评估

在全国范围内统筹利用各类承灾体已有基础数据，开展承灾体单体信息和区域性特征调查，重点对区域经济社会重要统计数据、人口数据，以及房屋、基础设施（交通运输设施、通信设施、能源设施、市政设施、水利设施）、公共服务系统、三次产业、资源和环境等重要承灾体的空间位置信息和灾害属性信息进行调查。

（1）人口与经济调查。充分利用最新人口普查、农业普查、经济普查等各类资料，以乡镇为单元获取人口统计数据，结合房屋建筑调查开展人口空间分布信息调查；以县级行政区为单元获取区域经济社会统计数据，主要包括三次产业地区生产总值、固定资产投资、农作物种植业面积和产量等。

（2）房屋建筑调查。内业提取城镇和农村住宅、非住宅房屋建筑单栋轮廓，掌握房屋建筑的地理位置、占地面积信息；在房屋建筑单体轮廓底图基础上，外业实地调查并使用App终端录入单栋房屋建筑的建筑面积、结构、建设年代、用途、层数、经济价值、使用状况、设防水平等信息。

（3）基础设施调查。针对交通、能源、通信、市政、水利等重要基础设施，共享整合各类基础设施分布和部分属性数据库，通过外业补充性调查设施的空间分布和属性数据。设施基础和灾害属性信息主要包括设施类型、数量、价值、服务能力和设防水平等内容。

（4）公共服务系统调查。针对教育、卫生、社会福利等重点公共服务系统，结合房屋建筑调查，详查学校、医院和福利院等公共服务机构的人员情况、功能与服务情况、应急保障能力等信息。

（5）三次产业要素调查。共享利用农业普查、经济普查、地理国情普查等相关成果，掌握主要农作物、设施农业等的地理分布、产量等信息，危化品企业、煤矿和非煤矿山生产企业空间位置和设防水平等信息，第三产业中大型商场和超市等对象的空间位置、人员流动、服务能力等信息。

（6）资源与环境要素调查。共享整理第三次国土调查根据《土地利用现状分类》（GB/T 21010—2017）形成的土地利用现状分布资料；共享整理最新森林、草原、湿地等资源清查、调查等形成的地理信息成果。

（7）承灾体经济价值评估与空间化。抽样调查全国不同地区主要承灾体重置价格；评估不同承灾体的经济价值，以规则网格为单元，进行人口、房屋、农业、森林、草原、国内生产总值、资本存量等承灾体经济价值空间化，生成全国承灾体数量或经济价值空间分布图。

2.18.3　历史灾害调查与评估

全面调查、整理、汇总1978年以来我国各县级行政区年度自然灾害、历史自然灾害事件以及1949年以来重大自然灾害事件，建立要素完整、内容翔实、数据规范的长时间序列历史灾害数据集。

（1）年度历史灾害调查。调查1978—2020年各县级行政区逐年各类自然灾害的年度灾害信息，主要包括灾害基本信息、灾害损失信息、救灾工作信息、社会经济信息等。

（2）历史一般灾害事件调查。调查1978—2020年各县级行政区逐次灾害事件的灾害信息，主要包括灾害基本信息、灾害损失信息、救灾工作信息、致灾信息等。

（3）重大灾害事件专项调查。调查1949—2020年重大灾害事件的灾害信息，主要包括灾害基本信息、灾害损失信息、救灾工作信息、致灾信息等。

2.18.4 综合减灾资源（能力）调查与评估

在全国范围内以县级行政区为基本调查单元，兼顾国家级、省级、市级单位，调查评估政府、企业和社会应急力量、基层、家庭在减灾备灾、应急救援救助和恢复重建过程中各种资源或能力的现状水平。

（1）政府综合减灾资源（能力）调查。主要调查国家、省、市、县级政府涉灾管理部门、各类专业救援救助队伍、救灾物资储备库（点）、灾害避难场所等的基本情况、人员队伍情况、资金投入情况、装备设备和物资储备情况。

（2）企业和社会应急力量参与资源（能力）调查。主要调查有关企业救援装备资源、保险与再保险企业综合减灾资源（能力）和社会应急力量综合减灾资源（能力）。

（3）基层综合减灾资源（能力）调查。主要调查乡镇（街道）和行政村（社区）基本情况、人员队伍情况、应急救灾装备和物资储备情况、预案建设和风险隐患掌握情况等内容。

（4）家庭综合减灾资源（能力）调查。抽样调查家庭居民的风险和灾害识别能力、自救和互救能力等。

（5）综合减灾资源（能力）评估与制图。主要开展国家、省、市、县四级行政单元政府综合减灾资源（能力）评估，社会力量和企业参与资源（能力）评估，乡镇（街道）和社区与家庭三个层面的基层综合减灾资源（能力）评估，编制综合减灾资源分布图与综合减灾能力图，建立综合减灾资源（能力）数据库。

2.18.5　重点隐患调查与评估

开展地震灾害、地质灾害、洪水灾害、海洋灾害、森林和草原火灾等致灾孕灾重点隐患调查评估；开展自然灾害次生重大生产安全事故重点隐患调查评估；开展全国重点隐患要素综合分析和分区分类分级评估。

（1）主要灾害隐患调查与评估。地震灾害，重点调查其可能引发重大人员伤亡、严重次生灾害或阻碍社会运行的承灾体，按照可能造成的影响（损失）水平建立地震灾害隐患分级标准，确定主要承灾体的隐患等级。地质灾害，基于致灾孕灾普查成果，分析地质灾害点的类型、规模和影响范围，确定承灾体隐患等级。重点开展山区集镇等人口聚居区地质灾害隐患调查评估。洪水灾害，重点调查评估主要江河干支流堤防和水闸、重点中小型水库工程、重点蓄滞洪区的现状防洪能力、防洪工程达标情况、安全运行状态，调查山丘区中小流域和重点城集镇山洪灾害重点隐患。森林和草原火灾，围绕林区、牧区范围内的居民地、风景名胜区、工矿企业、垃圾堆放点、重要设施周边、公墓、坟场、烟花燃放点、在建工程施工现场、边境地区等重点部位，针对森林杂乱物、按规定未及时清除的林下可燃物、违规用火、违规建设、重要火源点离林区的距离等情况开展隐患调查评估。海洋灾害，围绕漫滩、漫堤、溃堤、管涌等主要致灾特征，在对可能影响的全国沿海海岸带（从海岸线向陆一侧延伸至海拔 10m 等高线，且纵深不超过 10km，重点河口区域延伸至沿海县，向海延伸至领海基线）海水养殖、渔船渔港、商港、滨海旅游区等重点承灾体开展隐患调查评估。

（2）次生生产安全事故隐患调查与评估。自然灾害次生危化事故，在化工园区现有风险分析评估成果基础上，围绕地震、雷电、台风、洪水、泥石流等灾害，调查评估自然灾害-生产事故灾害链隐患对象和影响范围。自然灾害次生煤矿生产安全事故，针对地震、洪水和地质灾害等诱发煤矿生产安全事故次生灾害，调查识别煤矿承灾体高敏感性、高脆弱性、设防不达标等重点隐患。自然灾害次生非煤矿山生产安全事故，核查非煤矿山、尾矿库的抗震设防标准、洪水设防标准等主要灾害设防标准要求执行情况，针对非煤矿山、尾矿库开展设防不达标或病险隐患调查评估。自然灾害次生核与辐射安全事故，核查民用核设施营运单位和重点核技术利用单位的抗震设防标准、洪水设防标准、台风设防标准等主要灾害设防标准要求执行情况，针对民用核设施营运单位和重点核技术利用单位开展设防不达标或病险隐患调查评估。汇总调查评估数据，形成自然灾害-危化品、煤矿、非煤矿山、民用核设施营运单位等生产安全重点隐患清单，建设数据库，编制隐患分布图。

（3）重点隐患分区分类分级综合评估。汇总隐患单项调查评估数据，根据隐患类型，开展隐患类型组合特征分析。构建多灾种多承灾体重点隐患综合评价指标体系，根据定量、半定量、定性指标的特点，基于指标权重专家评判等方法，对不同指标的综合权重进行赋值，利用空间聚类等方法，开展全国、省、市、县四级重点隐患分区分类分级评估。

2.18.6 主要灾害风险评估与区划

（1）地震灾害。建立分区分类的建筑结构、生命线工程（公路铁路）及生命地震易损性数据库，评估地震灾害工程结构直接经济损失与人员伤亡风险，给出不同时间尺度地震灾害风险概率评估和确定性评估结果。编制不同时间尺度、不同概率水平、不同范围的概率性和确定性地震灾害风险区划图；编制我国地震灾害防治区划图。

（2）地质灾害。针对崩塌、滑坡、泥石流等灾害，开展中、高易发区地质灾害风险评价，判定风险区划级别，编制全国、省、市、县四级地质灾害风险区划图件，根据地质灾害类型、规模、稳定性程度、灾害风险等级等因素，编制地质灾害防治区划方案。

（3）气象灾害。针对台风、干旱、暴雨、高温、低温冷冻、风雹、雪灾和雷电灾害，评估气象灾害人口、经济产值、居民建筑、基础设施等主要承灾体脆弱性；评估不同重现期危险性水平下国家、省、市、县四级各类承灾体遭受主要气象灾害的风险水平，编制各类气象灾害的风险区划方案。

（4）水旱灾害。针对重点防洪区和全国山丘区小流域，评估不同重现期洪水淹没范围内人口、GDP、耕地、资产、道路等基础设施暴露情况和直接经济损失风险。编制不同尺度流域、行政区的洪水风险区划方案。编制全国主要江河防洪区、山洪灾害威胁区和局地洪水威胁区的宏观洪水灾害防治区划方案。分析全国县域水平干旱频率和旱灾损失，绘制旱灾危险性分布图和风险图。建立三级旱灾分区体系，编制旱灾风险区划方案。评估抗旱减灾能力，编制全国干旱灾害防治区划方案。

（5）海洋灾害。针对风暴潮、海浪、海啸、海冰、海平面上升等海洋灾害，评估沿海地区不同空间单元脆弱性等级；综合各类海洋灾害的危险性，评估受影响的人口、经济和房屋等典型承灾体的暴露度风险（等级）。开展海洋灾害防治区划，划定海洋灾害重点防治区域，编制国家尺度海洋灾害防治区划方案。

（6）森林和草原火灾。建立森林和草原火灾风险评估方法体系和标准，评估森林和草原火灾影响人口、直接经济损失、自然资源与环境损失的风险。建立森林草原火险区划指标体系，编制森林草原火险区划方案。融合承灾体空间分布特征与经济社会发展总体布局，确定森林和草原火灾防治区划等级标准，完成全国、省、市、县四级森林和草原火灾防治区划。

2.18.7　灾害综合风险评估与区划

建设综合风险评估、风险区划和防治区划的技术规范体系。调查各单灾种风险评估和区划主要数据和成果情况，分析本次普查获取的自然灾害数据、区域综合减灾能力和社会人口经济统计数据情况，在已有行业标准规范和成果基础上，制定全国、省、市、县级相应行政单位的综合风险评估和区划技术规范体系。

（1）灾害综合风险评估。在全国范围，基于主要灾害风险调查、评估与区划以及承灾体调查成果，采用风险等级和定量风险结合的方法，评估地震灾害、地质灾害、气象灾害、水旱灾害、海洋灾害、森林和草原火灾等主要灾种影响下的主要承灾体（人口、农业、房屋、交通基础设施和经济）的多灾种综合风险；基于全国1km网格的多灾种的人口和经济期望损失评估，评估全国、省、市、县各级行政区以及重点区域的多灾种人口损失风险和直接经济损失风险；基于多重现期的主要灾种危险性分析，评估主要情景下的主要承灾体多灾种暴露度。

（2）灾害综合风险和防治区划。基于多灾种综合风险评估成果，综合考虑孕灾环境、致灾因子和承灾体的差异性，通过定量区划方法进行区域划分，形成以灾害综合风险为载体，具有区域特征的全国、省、市、县四级和重点区域综合风险区划；依据减灾能力评估、风险评估和单灾种防治区划结果特征值，综合考虑不同致灾因子对不同承灾体影响的预防和治理特色，认识区域灾害防治分异特征，进行综合防治区域划分，制定全国、省、市、县级各级行政单元和重点区域的综合防治区划方案。

（3）灾害综合风险评估与区划成果库建设。建立综合风险制图规范，以数据、文字、表格和图形等形式对全国、省、市、县级相应行政单位的自然灾害综合风险评估和区划成果汇总整编，建设全国1∶1000000、省级1∶250000、市县级1∶50000或1∶100000和重点区域灾害综合风险图、综合风险区划图、综合防治区划图和综合防治对策报告成果库。

2.19　本次普查的参与部门有哪些？

本次普查的参与部门有国家发展和改革委员会、工业和信息化部、自然资源部、财政部、生态环境部、住房和城乡建设部、交通运输部、水利部、农业农村部、应急管理部、国家统计局、中国科学院、中国工程院、中国气象局、国家能源局、国家林业和草原局、中国地震局、中央军委联合参谋部以及省市县各级地方政府。

2.20　本次普查参与部门对应的职责与任务是什么？

应急管理部会同参与部门开展顶层设计，编制普查工作方案和技术方案，制定技术标准规范和数据共享标准，编制培训教材，开展宣传培训等工作，建设全国数据库，开展全国尺度综合风险评估与区划，编制综合防治区划图，汇总形成全国性综合成果。

自然资源部、水利部、中国气象局、国家林业和草原局、中国地震局等部门和单位负责指导或协助开展各单灾种风险致灾孕灾、历史灾害、行业减灾资源（能力）调查与重点隐患调查与评估、单灾种风险评估与区划图编制等工作，开展全国尺度和跨省区（流域、海区、林区等）的调查评估与区划工作。应急管理部会同工业和信息化部、生态环境部、住房和城乡建设部、交通运输部、农业农村部、国家统计局等部门指导地方政府相关部门开展历史灾害情况、重要承灾体灾害属性和空间信息、综合减灾资源（能力）、重点隐患等全面调查。各部门按任务分工负责审核汇总形成全国性分项成果，并按要求将分项成果汇交至应急管理部。各部门的具体职责如下。

（1）国家发展和改革委员会参与全国自然灾害综合风险普查实施方案编制。

（2）工业和信息化部协助指导通信设施等承灾体调查实施方案、技术标准规范编制和技术培训；协调相关单位及专家参与通信设施等承灾体调查与风险评估工作。

（3）财政部参与全国自然灾害综合风险普查实施方案编制，研究制定中央财政补助政策。

（4）自然资源部结合全国自然灾害综合风险普查总体方案、实施方案的技术要求，按照普查进展安排，组织开展全国地质灾害风险调查、重点隐患排查和区划等工作，负责形成全国地质灾害普查成果，并按要求统一汇交至牵头部门；协助指导历史灾害与行业减灾资源（能力）调查；指导地方自然资源主管部门开展地质灾害风险调查、重点隐患排查和区划的具体任务，并按实施方案要求将成果汇交至各级牵头部门。同时，自然资源部负责海洋灾害致灾孕灾风险要素调查、重点隐患调查与评估、风险评估与区划等实施方案、技术标准规范、培训教材编制和技术培训，负责指导地方开展上述调查评估区划工作，协助指导历史灾害与行业减灾资源（能力）调查；组织开展全国尺度海洋灾害风险评估、风险区划和防治区划工作（重点防御区）；加工整理已有海洋灾害调查评价等成果数据；建设海洋灾害调查和隐患调查等数据采集、数据成果审核汇总、风险评估等软件系统，审核汇集省级成果数据，按要求统一汇交全国海洋灾害普查成果。

（5）生态环境部负责民用核设施、重点核技术利用单位重点隐患调查实施方案、技术标准规范、培训教材编制和技术培训，负责指导地方和相关企业开展上述重点隐患调查工作，组织开展风险评估；负责建设上述重点隐患调查数据采集、数据成果审核汇集等软件系统，审核汇集省级调查数据，按要求统一汇交相关隐患调查的全国成果。

（6）住房和城乡建设部负责房屋建筑、市政设施调查实施方案、技术标准规范、培训教材编制；负责建设房屋建筑、市政设施基础数据采集及核查汇总等软件系统；会同应急管理部等部门指导地方开展技术培训和调查工作，按职责分工复核省级调查数据，汇总形成全国房屋建筑、市政设施普查成果并按要求统一汇交。

（7）交通运输部负责交通基础设施调查实施方案、技术标准规范、培训教材编制和技术培训，负责指导地方开展调查工作，协助指导历史灾害与行业减灾资源（能力）调查；组织开展全国公路、水路基础设施风险调查结果汇总、核查、集成及评估分析等工作；负责建设交通基础设施信息采集、数据成果审核汇集等软件系统，审核汇集省级调查数据，按要求统一汇交全国交通基础设施普查成果。

（8）水利部负责水旱灾害致灾孕灾风险要素调查、洪水灾害重点隐患调查与评估、风险评估与区划等实施方案、技术标准规范、培训教材编制和技术培训，指导地方开展上述相关工作，协助指导历史灾害与行业减灾资源（能力）调查；组织开展全国和流域尺度的暴雨频率图、洪水频率图、洪水风险图、干旱风险图等水旱灾害风险评估、风险区划和防治区划工作及山丘区中小流域洪水淹没图编制；加工整理水利普查和山洪灾害调查评价成果数据；开发水旱灾害风险调查和隐患调查与评估等数据采集、数据成果审核汇总、风险评估等软件，审核汇集省级成果数据，按要求统一汇交全国水旱灾害普查成果。

(9) 农业农村部负责指导农业承灾体调查、历史灾害调查等实施方案、技术标准规范、培训教材编制和技术培训；协助形成全国农业承灾体普查成果；协调相关单位及专家参与农业承灾体调查和风险评估工作。

(10) 应急管理部牵头组织实施全国自然灾害综合风险普查，组织开展普查方案编制与论证、技术标准规范、培训教材编制与技术培训，牵头建设全国数据库和普查软件系统。负责历史灾害调查、综合减灾资源（能力）调查、重点隐患综合调查与评估、综合风险评估与区划等实施方案、技术标准规范、培训教材编制和技术培训，负责指导地方开展上述调查评估区划工作；负责审核汇集省级历史灾害调查、减灾资源（能力）调查、重点隐患综合评估、综合风险评估与区划成果数据；负责开展全国尺度综合评估和区划工作；负责建设历史灾害调查、综合减灾资源（能力）调查、重点隐患调查信息采集、数据成果审核汇集、综合风险评估与区划等软件系统，负责建设全国自然灾害综合风险普查调度管理、灾害风险普查制图、集成与可视化服务、全国自然灾害综合风险普查数据管理与共享等软件系统，负责国家层面普查软件主系统的建设；负责组织有关部门和单位开展承灾体调查工作，承担全国尺度主要承灾体经济价值评估；负责组织有关部门和单位开展全国范围空间数据制备；负责汇集各部门和单位的全国普查成果，形成全国综合性成果。

(11) 国家统计局参与全国自然灾害综合风险普查实施方案编制，负责协调共享全国人口普查、农业普查、经济普查相关数据。

(12) 中国科学院参与全国自然灾害综合风险普查实施方案编制，负责协调相关单位及专家对全国自然灾害综合风险普查实施方案、技术标准规范和具体实施工作等提供咨询建议。

(13) 中国工程院参与全国自然灾害综合风险普查实施方案编制，

负责协调相关单位及专家对全国自然灾害综合风险普查实施方案、技术标准规范和具体实施工作等提供咨询建议。

（14）中国气象局负责气象灾害致灾孕灾风险要素调查、风险评估与区划等实施方案、技术标准规范、培训教材编制和技术培训，负责指导地方开展上述调查评估区划工作，协助指导历史灾害与行业减灾资源（能力）调查；组织开展全国尺度气象灾害风险评估、风险区划和防治区划工作；加工整理历史气象灾害调查评价成果数据；建设气象灾害调查数据采集、数据成果审核汇总、风险评估等软件系统，审核汇集省级成果数据，按要求统一汇交全国气象灾害普查成果。

（15）国家能源局负责指导能源设施调查等实施方案、技术标准规范编制和技术培训；协调相关单位及专家参与能源设施等承灾体调查和风险评估工作。

（16）国家林业和草原局负责森林和草原火灾致灾孕灾风险要素调查、重点隐患调查与评估、风险评估与区划等实施方案、技术标准规范、培训教材编制和技术培训，负责指导地方开展上述调查评估区划工作，协助指导历史灾害与行业减灾资源（能力）调查；组织开展全国、跨省林区尺度森林和草原火灾风险评估、风险区划和防治区划工作；加工整理已有森林资源清查等相关成果数据；负责建设森林和草原火灾调查和隐患调查数据采集、数据成果审核汇总、风险评估等软件系统，审核汇集省级成果数据，按要求统一汇交全国森林和草原火灾普查成果。

（17）中国地震局负责地震灾害致灾孕灾风险要素调查、重点隐患调查与评估、风险评估与区划等实施方案、技术标准规范、培训教材编制和技术培训，负责指导地方开展上述调查评估区划工作，协助指导重要承灾体调查、重点隐患调查与评估、历史灾害与行业减灾资源（能力）调查；组织开展全国尺度活动断层探察和地震构造图编制、地震危险性与灾害风险评估、风险区划和防治区划工作；加工整理已有地震活动断层探察、地震动参数区划等相关成果数据；负责建设地震灾害调查数据采集、数据成果审核汇总等软件系统，审核汇集省级成果数据，按要求统一汇交全国地震灾害普查成果。

（18）中央军委联合参谋部依据全国自然灾害综合风险普查相关技术标准规范，按需组织开展军事管理区内主要灾种致灾孕灾风险要素调查、重点隐患调查与评估、风险评估与区划等工作；协调军队有关单位和专家参加全国海洋、气象、水旱、地震等灾害综合风险普查相关工作。

（19）各省级人民政府作为落实本地区灾害综合风险普查工作的责任主体，根据国家统一编制的《第一次全国自然灾害综合风险普查总体方案》（国灾险普办发〔2020〕2 号）《第一次全国自然灾害综合风险普查实施方案（修订版）》（国灾险普办分〔2021〕6 号），结合本地区实际，编制灾害综合风险普查总体方案和实施细则；组织开展本地区普查宣传和培训工作；组织开展本地区普查数据清查和调查工作；负责省、市、县三级风险评估、区划和防治区划的编制工作；负责本地区普查数据成果审核汇集，形成省级灾害风险普查成果。

省级层面参照国家层面的分工原则，根据各地实际制定细化的部门分工方案。

市县级层面，依据国家和省级实施方案要求，编制本地区普查任务落实方案；组织开展本地区普查宣传和培训工作；落实具体普查任务，负责市县普查数据成果审核汇集，形成市县级灾害风险普查成果。

2.21　本次普查的目标是什么？

第一次全国自然灾害综合风险普查的主要目标是通过组织开展第一次全国自然灾害综合风险普查，摸清全国灾害风险隐患底数，查明重点区域抗灾能力，客观认识全国和各地区灾害综合风险水平，为国家和地方各级政府有效开展自然灾害防治和应急管理工作、切实保障社会经济可持续发展提供权威的灾害风险信息和科学决策依据。

（1）摸清自然灾害风险底数。全面获取我国地震灾害、地质灾害、气象灾害、水旱灾害、海洋灾害、森林和草原火灾等六大类 22 种主要灾害致灾信息，人口、房屋、基础设施、公共服务系统、三次产业、资源与环境等重要承灾体信息及历史灾害信息、掌握重点隐患情况，查明区域抗灾能力和减灾能力。

（2）把握自然灾害风险规律。以调查为基础、评估为支撑，客观认识当前全国和各地区致灾风险水平、承灾体脆弱性水平、综合风险水平、综合防灾减灾救灾能力和区域多灾并发群发、灾害链特征，科学预判今后一段时期灾害风险变化趋势和特点，形成全国自然灾害防治区划和防治建议。

（3）构建自然灾害风险防治的技术支撑体系。通过实施普查，建立健全全国自然灾害综合风险与减灾能力调查评估指标体系，分类型、分区域、分层级的国家自然灾害风险与减灾能力数据库，多尺度隐患识别、风险识别、风险评估、风险制图、风险区划、灾害防治区划的技术方法和模型库，开发综合风险和减灾能力调查评估信息化系统，形成一整套自然灾害综合风险普查与常态业务工作相互衔接、相互促进的工作制度。

普查成果将为我国开展自然灾害应急处置（包括应急指挥、救援协调、预案管理、监测预警、物资调配、灾情评估等）、自然灾害综合防治、综合灾害风险防范、自然灾害保险等提供基础科技支撑，也将为我国经济社会可持续发展的科学布局和功能区划、防范化解重大灾害风险提供重要科学依据，更好地保障人民群众生命财产安全和国家安全。

第三部分 自然灾害综合风险普查总体方案

3.22　本次普查的总体技术路线是什么？

（1）对涉及自然灾害风险的各要素进行专项平行调查，主要自然灾害单灾种致灾要素调查、承灾体调查、综合减灾资源调查、历史自然灾害调查并行开展。

（2）在调查的基础上开展分析评估工作，各单灾种风险要素调查后进行单灾种危险性的评估，承灾体调查后进行各地承灾体分布特征和资本存量等的评估，综合减灾资源调查后进行各地减灾能力的评估，历史自然灾害调查后进行各地历史自然灾害状况的评估。

（3）在风险各要素评估的基础上，从单灾种高危险性、承灾体高暴露性、减灾能力薄弱、历史自然灾害高发群发链发等方面，进行不同区域重点隐患的识别和评估，实施分区分级分类管理。

（4）在上述三部分的基础上，开展单灾种风险评估，通过区域整合和突出重点，形成单灾种的风险区划，进一步综合考虑区域特征和社会经济发展状况，形成单灾种的防治区划。在单灾种工作的基础上，进行多灾种综合和区域承灾体综合，形成综合风险评估结果，制定综合风险区划，编制综合防治区划。

3.23　本次普查的技术特点有哪些？

本次普查利用内外业一体化技术、工程勘测、遥感解译、站点观测数据资料汇集、现场调查等多种技术手段相结合开展地震活动断层、地质灾害调查，汇集气象、水文等数据，通过构造探测、物探、钻探、山地工程等技术手段，综合运用地理信息、遥感、互联网＋、云计算、大数据等先进科学技术开展普查基础空间信息制备与软件系统建设。对北京市各类灾害情况、时空分布、灾害历史、致灾孕灾要素数据资料等运用统计分析、工程填图、模拟仿真等方法开展了主要灾害重点隐患的多灾种、多要素、全链条的综合排查，进行多对象、多方法、多尺度分析主要灾害和灾害综合风险评估。

3.24　主要参考数据资料有哪些？

本次普查汇集了测绘、地质、气象、水文等多行业资料，包括：第一次全国地理国情普查、第一次全国水利普查、第三次全国国土调查、第三次全国农业普查、第四次全国经济普查和地震区划与安全性调查、重点防洪地区洪水风险图编制、全国山洪灾害调查评价、地质灾害调查、第九次森林资源清查、草地资源调查、全国气象灾害普查试点、海岸带地质灾害调查等专项调查和评估等工作形成的相关数据、资料和图件成果等参考数据资料。

3.25　本次普查的基础底图是什么？

按照全国自然灾害综合风险普查实施要求，本次普查的基础底图采用非涉密的天地图底图服务数据，如果天地图底图服务数据不能满足本次普查要求，需要制作符合调查时点要求的空间分辨率优于1m的遥感影像补充更新。优选专题要素图层，形成面向不同灾种及行业需求的调查底图。

3.26　数学基准要求是什么？

坐标参照系：采用2000国家大地坐标系，地理坐标，经纬度值采用“度”为单位，用双精度浮点数表示。

高程基准：1985 国家高程基准。

3.27　作业方式的要求是什么?

遵循“内外业相结合”“在地统计”原则，采取全面调查、抽样调查、典型调查和重点调查相结合的方式，利用监测站点数据汇集整理、档案查阅、现场勘查（调查）、遥感解译等多种调查技术手段，开展灾害致灾、承灾体、历史灾害和减灾资源（能力）等灾害风险要素调查。共享与采集的各类数据逐级进行审核、检查和订正。

3.28　成果空间化方面的要求是什么?

重大灾害事件数据空间化管理，在 GIS 支持下将各类台账数据空间化至各级行政区划单元，并统一管理原有通过空间化提取的致灾信息和影响范围等信息，将灾害基本信息、致灾因素、灾情要素、救灾投入、行业灾害影响特征指标、社会经济要素等类别进行分要素管理。重大灾害事件数据空间化管理服务于重大灾害事件调查数据的可视化空间化查询和地图专题化展示。

3.29　本次普查有哪些信息化系统?

本次普查将搭建灾害综合风险普查调度管理系统、数据采集系统、数据质检与核查系统、灾害风险评估与区划系统、灾害风险普查制图系统、系统集成与可视化服务系统、灾害风险普查数据平台等信息化系统。达到分级分业调度管理、跨层级跨部门共享与分发、智能化制图与多终端可视化效果。

3.30　本次普查培训的组织实施模式是什么?

北京市自然灾害综合风险普查（简称风险普查）是一项为政府有

效开展自然灾害防治和应急管理工作、切实保障社会经济可持续发展提供权威的灾害风险信息和科学决策依据的调查项目。在本次普查实施之前和实施过程中对技术人员和普查员开展培训工作，是保障普查工作质量的前提和基础。本次普查培训的组织实施模式为统一组织，分级负责，分类培训，明确职责。统一组织，由中央普查办组织，制定培训实施方案，编制统一培训教材；分级负责，中央普查办负责省级普查办领导、师资、技术人员和地市级师资的培训，省级普查办负责地市级领导、技术人员、普查人员和县级领导、普查人员的培训，地市级普查办负责辖区内普查人员的培训；分类培训，应急管理部系统内部培训及参与普查各部门培训分类别开展，依照各行业牵头部门的任务内容，开展分类培训；明确职责，按照培训对象的职责分工，分为总体培训、业务培训和专题培训。总体培训主要对各级普查机构的领导和行政管理人员进行培训；业务培训主要对师资、技术人员和普查人员等进行专业培训；针对各级在普查工作工程中遇到具体重点难点的问题进行专题培训。

3.31　本次普查如何开展培训？

本次普查主要以现场集中授课和网络手段辅助的方式开展培训。现场培训期间以集中面授为主，辅以课件、实际案例模拟等多媒体手段，保证所有参加培训的人员都能熟练掌握相关普查内容和技术方法。

建设普查培训网站，包括课程学习、资料查询、常见问题解答等内容。开设学习论坛，提供问题咨询，线上答疑和课程讨论的功能。普查工作人员通过注册并登录到培训网站，在线回看培训课程，查阅学习资料。实际操作中遇到问题，可搜索相关资料，或者在论坛中发帖提问，培训老师及时答疑。同时普查员还可以在论坛中互相讨论，交流工作经验，提出工作意见和建议。培训老师可据此进行讲评、反思与总结，并改进培训工作。

系统性培训结束后采用现场考核的形式，对参培人员进行考核，确保培训取得实质性效果。通过考核的学员，培训考核合格后颁发相关普查认证证书和上岗证明。

3.32　本次普查的成果汇交模式是什么？

成果汇交模式包括自下而上逐级纵向汇交自然资源部门和横向汇交同级普查办。自下而上纵向汇交是指各级自然资源部门将通过组织实施形成的灾害风险普查成果，或者下级部门汇交的成果，自下而上逐级纵向汇交到自然资源部门。横向同级汇交是指各级自然资源部门灾害风险普查成果相关要求，向同级普查办横向汇交成果资料。

3.33　本次普查的进度安排是什么？

2020—2022 年，北京将开展第一次全国自然灾害综合风险普查。本次普查标准时点为 2020 年 12 月 31 日，分三个阶段组织实施。2020 年为普查前期准备与试点阶段；2021 年将清查登记，全面调查，汇总分析；2022 年主要任务是评估与区划，编制灾害综合防治区划图，汇总全市普查成果。

3.34　本次普查有哪些保障措施？

本次普查保障措施完善，强化组织管理，做好灾害综合风险普查和常态化业务工作的有机衔接，落实普查实施的相关决策部署，解决普查项目论证和实施中的重大问题，指导督促各部门按照任务分工抓好责任落实，指导地方推进普查实施。明确了各相关部门的责任和任务。

加强地方各级政府经费保障。中央承担中央本级相关支出和跨省（自治区、直辖市）相关支出，并通过专项转移支付给予地方适当补助。地方政府安排各领域的常态化风险调查工作经费，保证普查经费投入到位。

由相关涉灾行业领域技术支撑单位、科研单位和高等院校的专家组建普查技术团队，分析各部门常态化灾害风险调查和隐患排查、风险评估和区划已有成果和业务现状，做好各项风险调查、隐患排查和风险评估与区划的技术支撑。

规范普查数据资料使用，在符合数据保密安全的前提下充分利用各行业相关的参考数据资料。系统梳理本次普查数据资料，建立共享目录，建设集成系统，实现相关数据资料的多部门共建共享，支撑开展灾害综合风险普查与常态化灾害风险调查和隐患排查业务工作。

第四部分 主要灾害致灾调查方案

4.35　国家层面包括哪几类致灾调查任务？

根据我国灾害种类的分布、程度与影响特征，确定普查的主要灾害类型包括地震灾害、地质灾害、气象灾害、水旱灾害、森林和草原火灾、海洋灾害 6 大致灾调查任务。

4.36　北京市涉及调查任务内容有哪些？

根据北京市第一次全国自然灾害综合风险普查有关情况发布会，北京市涉及的调查与评估任务有主要灾害致灾调查与评估、承载体调查、历史灾害灾情调查与评估、综合减灾能力调查与评估、重点隐患调查与评估、主要灾害风险评估与区划、自然灾害综合风险评估与区划 7 类。

主要调查任务内容包括：

(1) 查明北京市地震、地质、气象、水旱、森林和草原火灾等自然灾害的风险要素及其危险性信息，开展主要灾害调查与评估。

(2) 获取房屋建筑、交通设施、公共服务系统等承灾体的灾害属性信息和空间信息，开展承灾体调查与评估。

(3) 收集北京市年度、一般、重大等历史灾害信息，开展历史灾害调查与评估。

(4) 针对市区各部门、乡镇（街道）、社区和企事业单位、居民等基层防灾减灾救灾能力情况，开展综合减灾资源（能力）调查与评估。

（5）针对自然灾害易发多发区的建筑物、重大基础设施、重大工程、重要自然资源及区域防灾减灾救灾能力等，开展重点隐患调查和评估。

（6）开展主要自然灾害风险的多尺度评估，编制灾害风险区划图。

（7）编制北京市和各区灾害风险区划图和综合防治区划图，提出区域综合防治对策。

4.37　对应任务的责任部门有哪些？

北京市第一次全国自然灾害综合风险普查所涉及的主要责任部门有市应急局、市发展改革委、市教委、市经济和信息化局、市民族宗教委、市民政局、市规划自然资源委、市生态环境局、市住房城乡建设委、市城市管理委、市交通委、市水务局、市农业农村局、市商务局、市文化和旅游局、市卫生健康委、市文物局、市体育局、市统计局、市园林绿化局、市地震局、市通信管理局、市气象局、市消防救援总队。

4.38　不同致灾因子的调查目标是什么？

气象灾害包括暴雨、干旱、台风、高温、低温、风雹、雪灾、雷电等；水旱灾害包括流域洪水、山洪和城市洪涝等；地质灾害主要包括崩塌、滑坡、泥石流等。

4.39　不同致灾因子的调查成果有哪些？

不同致灾因子的调查成果主要有数据成果、图件成果和文字报告类成果。

（1）数据成果：地震灾害、地质灾害、气象灾害、水旱灾害、森林和草原火灾等单灾种风险要素调查数据、主要承灾体调查数据、历史灾害调查数据、综合减灾资源（能力）调查数据，主要灾种重点隐患数据。

（2）图件成果：地震灾害、地质灾害、气象灾害、水旱灾害、森林和草原火灾等单灾种致灾孕灾要素分布于危险性评估图谱，主要承灾体空间分布图，历史灾害调查与评估图谱，综合减灾资源（能力）调查与评估图谱，重点隐患分布图谱。

（3）文字报告类成果：各类、各级风险评估报告，数据成果、图件成果、风险评估报告等各类成果分析报告，普查过程中各个阶段、各专题及综合类工作和技术总结报告。

4.40　不同致灾因子的成果质量控制方式是什么?

不同致灾因子的成果质量控制方式主要有过程质量控制、分类分级质量管理和质量控制的监督抽查。

（1）过程质量控制：普查实行全过程质量控制，各项内容根据实施环节和成果特点，确定过程质量控制的工作节点和程序。

（2）分类分级质量管理：按照普查技术标准规范要求，建立分类分级质量管理体系。

（3）质量控制的监督抽查：监督抽查内容主要包括普查质量管理工作的开展情况、质量检查和验收的执行情况、成果质量状况等。

第五部分 承灾体调查实施方案

5.41 承灾体调查的目标是什么?

承灾体调查的目标是掌握翔实准确的全国房屋建筑、市政设施、交通运输设施、通信设施、能源设施、水利设施、公共服务系统、人口、三次产业、资源与环境等承灾体空间分布及灾害属性特征，掌握受自然灾害影响的人口和财富的数量、价值、设防水平等底数信息，建立承灾体调查成果数据库。最终为非常态应急管理、常态灾害风险分析和防灾减灾、空间发展规划、生态文明建设等各项工作提供基础数据和科学决策依据。

5.42 承灾体调查在本次普查中的地位及作用是什么?

承灾体是自然灾害直接威胁和影响的对象，包括人类本身及其赖以生存的经济基础和空间环境，提高我们人类自身以及城乡房屋、道路交通等基础设施对自然灾害的承受能力和抵御能力，是我们减轻灾害风险、减少灾害损失的根本途径。

摸清自然灾害承灾体的底数尤为重要。北京市第一次自然灾害综合风险普查的承灾体清查，包括可能遭受自然灾害破坏和影响的人口与经济、城乡房屋、道路交通、民用核设施等基础设施、危化企业、煤矿非煤矿山、学校和医院等公共服务系统。其中，房屋建筑是与人民生命财产安全关系最为密切的承灾体，城乡房屋调查是此次普查中调查工作量最大的一类调查。要充分动员基层乡镇、村、社区、网格员等参与到房屋调查中共同做好房屋调查工作，摸清风险隐患底数，做到心中有数，更好地保障人民群众生命财产安全。

掌握翔实准确的北京市房屋建筑、市政设施、交通运输设施、通信设施、能源设施、水利设施、公共服务系统、人口、三次产业、资源与环境等承灾体空间分布及灾害属性特征，掌握受自然灾害影响的人口和财富的数量、价值、设防水平等底数信息，建立承灾体调查成果数据库。最终为非常态应急管理、常态灾害风险分析和防灾减灾、空间发展规划、生态文明建设等各项工作提供基础数据和科学决策依据。

5.43　承灾体调查任务的参与部门有哪些？

承灾体调查任务的参与部门有应急管理部、交通运输部、住房和城乡建设部、工业和信息化部、农业农村部、国务院国有资产监督管理委员会、生态环境部、水利部、国家发展改革委、自然资源部、国家统计局。

5.44　承灾体调查各参与部门的任务是什么？

住房和城乡建设部负责技术指导，制作提供房屋调查工作底图，负责编制技术标准规范，编制培训教材和组织技术培训，负责指导地方开展调查工作、汇总审核上报数据。市政设施调查中的道路、桥梁、供水设施的调查由地方省、市、县级相关部门具体实施，市政供水设施调查国家层面由住房和城乡建设部负责组织，地方省、市、县级政府具体实施。

交通基础设施调查中央层面由交通运输部负责。部级负责调查数据的抽查和分析工作；地方负责公路水路数据调查工作。其中：交通运输部负责调查的技术指导。

中央层面协调工业和信息化部等相关部委进行数据规范化整理形成通信设施调查数据集。

中央层面负责能源设施管理部门业务数据标准化整理工作。

公共服务设施调查国家层面由应急管理部负责组织，地方省、市、县级政府具体实施。

其他各部门在部级共享机制保障下，按照《普查类承灾体数据标准化整理入库规范》整理资源与环境、人口与三次产业、水利设施等承灾体信息入库。

5.45 承灾体调查的工作流程是什么?

(1) 普查前期准备。任务包括：成立组织协调工作组；了解各承灾体管理部门掌握的承灾体基础信息情况；在已有行业标准规范基础上，制定各类承灾体灾害属性要素采集要求和调查技术规范；承灾体调查教材开发及业务培训。

(2) 普查数据整理及清查。任务包括：根据承灾体灾害属性要素采集要求，共享各承灾体管理部门整理已掌握的要素信息数据，包括承灾体底图信息，并进行入库（地理信息系统数据库）；核实需要补充调查的承灾体信息，并进行底图准备和清查。

(3) 实地调查和普查数据采集。根据清查结果，由应急管理部、住房和城乡建设部、交通运输部等部门指导地方政府做好实地调查工作。

(4) 承灾体普查数据质量核查。其包括数据的复查、抽查和验收，核查调查数据的完整性、质量等。

(5) 数据汇总和成果验收。

5.46 承灾体调查的作业方式有哪些?

(1) 遥感影像解译。以高分辨率卫星遥感影像（分辨率优于0.8m）为基础，通过对遥感影像的目视解译，提取房屋建筑等不同承灾体的轮廓范围以及地理坐标等信息，从而得到承灾体的空间位置分布信息，为承灾体的外业调查提供底图数据支撑。

(2) 无人机航拍。充分利用无人机航拍的技术优势，对于部分调查人员难以进入的困难区域（如山涧、悬崖、湖中心、封闭院落等）可以充分利用无人机，快速获取高清影像的能力，获取局部调查困难区域倾斜航空摄影数据，建立困难区域清晰三维模型数据，快速判别调查区域房屋建筑等承灾体的数量、高度等属性信息。

（3）数据调查 App。人工现场调查可充分利用 App 移动终端调查设备开展工作，实现调查目标的自动定位、数据调查的标准化录入。

5.47 不同类型承灾体的调查内容有哪些?

（1）房屋建筑调查。城镇房屋建筑调查依据国务院普查办统一印发的《城镇房屋建筑调查技术导则》（FXPC/ZJ G－02）开展工作，以国家统一提供的房屋建筑调查底图为基础，以各区为基本单位实地调查单栋住宅、非住宅房屋建筑的基本情况、建筑结构和抗震设防情况、使用情况。

农村房屋建筑调查依据国务院普查办统一印发的《农村房屋建筑调查技术导则》（FXPC/ZJ G－03）开展工作，包括农村集体用地范围内的农村住宅房屋和农村非住宅房屋，以国家统一提供的房屋建筑调查底图为基础，以各区为基本单位实地调查各类农村房屋的建造年代、结构类型、用途、层数、抗震设防等信息。

（2）城市供水设施调查。城市供水设施调查依据《市政设施承灾体普查技术导则》（FXPC/ZJ G－01）开展工作，充分利用相关部门掌握的信息及现场调查，获取城市供水设施的地理位置、物理属性以及设防情况等信息。

（3）市政道路、市政桥梁设施调查。市政道路、市政桥梁设施调查依据《市政设施承灾体普查技术导则》（FXPC/ZJ G－01）开展工作，充分利用相关部门掌握的信息及现场调查，获取市政道路、市政桥梁设施的地理位置、物理属性以及设防情况等信息。

（4）公路设施调查。公路设施调查依据《市政设施承灾体普查技术导则》（FXPC/ZJ G－01）开展工作，充分利用相关部门掌握的信息及现场调查，获取公路设施的地理位置、物理属性以及设防情况等信息。

（5）公共服务系统调查。基于各类公共服务系统建立的统计管理系统平台，按照学校、医疗卫生机构、提供住宿的社会服务机构、公共文化场所、旅游景区、星级饭店、体育场馆、宗教活动场所、大型超市/百货店/亿元以上商品交易市场等机构或场所的实际分布，补充和更新各类公共服务设施的空间信息、人员情况、功能与服务情况、应急保障水平等属性特征。

（6）危险化学品企业调查。危险化学品企业调查包括两部分：①调查化工园区（化工集中区）地理空间分布、设防水平、应急保障能力等信息；②更新调查危险化学品企业基础信息，补充调查地理空间分布、设防水平、灾害防御能力、应急保障能力等灾害属性信息。

（7）非煤矿山调查。开展北京市金属非金属地下矿山、金属非金属露天矿山、尾矿库的基础信息、自然灾害［地震灾害、水旱（洪涝）灾害、地质灾害］设防情况、防灾减灾能力等信息调查。

（8）核技术利用单位调查。按照《核技术利用单位自然灾害承灾体调查技术规范》（FXPC/STHJ G－06），收集整理核技术利用单位基础数据、自然灾害历史数据，并对数据进行汇总、专家审核，形成相应成果。具体任务为：

1）开展核技术利用单位承灾体数据信息采集。开展核技术利用单位承灾体数据信息采集工作，形成核技术利用单位基础数据和核技术利用单位地震隐患数据。

2）开展核技术利用单位历史自然灾害灾情调查。调查核技术利用单位运行以来地震等自然灾害引发的核与辐射事故情况。其包括自然灾害类型、发生时间、发生地点、灾害等级、事故情况及后果（人员意外照射或环境污染等）。

3）配合国家层面组织提供相关缺失数据。配合国家层面组织提供Ⅰ类放射源生产单位和辐照装置相关缺失数据。

5.48　房屋建筑承灾体调查分为哪几类?

房屋建筑承灾体调查分为两大类六小类。六小类分别为城镇住宅、城镇非住宅、农村独立住宅、农村集合住宅、农村住宅辅助用房、农村非住宅。

5.49　承灾体调查有哪些参考数据支撑？

（1）第三次全国农业普查、第七次全国人口普查、第四次全国经济普查、第一次全国水利普查、第三次全国国土调查、第九次全国森林资源清查等普查和调查成果。

（2）铁路和民航交通运输设施、通信设施、能源设施等业务数据。

5.50　承灾体调查成果有哪些？

（1）数据成果：

1）房屋建筑调查数据集；

2）市政设施调查数据集；

3）公路设施调查数据集；

4）水路设施调查数据集；

5）铁路设施调查数据集；

6）航空设施调查数据集；

7）通信设施调查数据集；

8）能源设施调查数据集；

9）水利设施调查数据集；

10）公共服务设施调查数据集；

11）人口调查数据集；

12）农业调查数据集；

13）二三产业企业调查数据集；

14）土地利用调查数据集；

15）森林资源调查数据集；

16）湿地资源调查数据集；

17）草地资源调查数据集。

（2）图件成果：

1）中国人口密度分布图；

2）中国国内生产总值密度分布图；

3）中国资本存量价值分布图；

4）中国房屋建筑经济价值分布图；

5）中国主要农作物（小麦、玉米、水稻和棉花）分布图。

（3）文字报告成果：

1）各级承灾体调查工作报告；

2）各级承灾体调查技术报告；

3）各级承灾体调查成果分析报告。

（4）标准规范成果：

1）自然灾害承灾体调查内容与指标；

2）房屋建筑承灾体调查技术规范；

3）市政设施承灾体调查技术规范；

4）公路基础设施承灾体普查技术规范；

5）水路基础设施承灾体普查技术规范；

6）公共服务设施类承灾体调查技术规范；

7）基础设施类承灾体数据标准化整理入库规范；

8）普查类承灾体数据标准化整理入库规范；

9）灾害承灾体经济价值评估及空间化技术规范。

5.51　承灾体调查成果质量控制方式是什么？

为保障自然灾害综合风险普查成果的科学性、客观性、完整性，全面加强质量控制工作，建立过程质量控制、分类分级质量控制、质量管理督查和抽查机制，明确市、区两级各部门开展专项成果和综合成果的质量管理职责、任务和办法。补充制定全市自然灾害综合风险普查成果质检与核查、汇交、验收等制度，以及相关技术细则，开展全市自然灾害综合风险普查成果质检与核查、汇交、审核、验收等工作。

房屋建筑调查成果依据《第一次全国自然灾害综合风险普查房屋建筑调查数据成果质检核查指南》开展数据质量控制工作。

城市供水设施调查成果依据住房和城乡建设部下发的《房屋建筑和市政设施调查质量控制细则》开展数据质量控制工作。

第六部分

历史灾害调查方案

6.52 历史灾害调查的目标是什么?

调查历史灾害事件、摸清历史灾害情况、掌握我国各地区历史自然灾害事件，从而提高全国和各地区灾害综合风险水平评估的科学性，推进科学实用的灾害综合防治区划的制定，提升国家和地方各级政府提高自然灾害防治能力，为应急管理和经济社会发展提供科学的决策依据。

6.53 历史灾害调查分为哪几类?

历史灾害调查分为三类，即年度自然灾害调查、历史一般灾害事件调查和历史重大灾害事件调查。

6.54 历史灾害调查的责任部门有哪些?

省、市、县各级政府组织历史自然灾害调查，并对调查工作和调查成果负责；各级政府组织本地区各有关部门集中上报，按照逐级上报、层级汇聚的方式开展；部、省、市负责对上报数据进行审核、质检、汇总。应急管理部门统筹负责历史自然灾害调查数据的收集、整理和录入，并负责提供灾害基本信息、灾情信息、救灾工作信息等；统计部门负责提供相应年份的经济社会统计信息；行业部门指标信息由相应的交通（铁路）、工信、电力、卫健委、教育等部门提供。

6.55　历史灾害的调查任务是什么？

开展历史灾害调查，及时摸清历史灾害底数，查明重点地区历史抗灾能力，全面调查、整理、汇总我国各地区历史自然灾害事件以及重大自然灾害事件，建立要素完整、内容翔实、数据规范的长时间序列历史灾害数据集。

6.56　历史灾害调查的时间范围是什么？

（1）年度自然灾害调查。年度自然灾害调查时间范围是1978—2020年。

（2）一般自然灾害调查。一般自然灾害调查时间范围是1978—2020年。

（3）重大自然灾害调查。重大自然灾害调查的时间范围分为两个时段：1949—1999年的重大灾害事件，以省级行政区为基本统计单元；2000—2020年的重大灾害事件，以县级行政区为基本统计单元。

6.57　有何组织实施模式？

在历史灾害调查的具体实施中，应急管理部门统筹负责历史自然灾害调查数据的收集、整理和录入，并负责提供灾害基本信息、灾情信息、救灾工作信息等；统计部门负责提供相应年份的经济社会统计信息；行业部门指标信息由相应的交通（铁路）、工信、电力、卫健委、教育等部门提供。

6.58　历史灾害调查的作业方式是什么？

2009年以前历史灾害调查的作业方式是通过地方志、救灾档案、政府档案以及重点行业部门［包括水利、气象、地震、自然资源、交通（铁路）、工信、电力、卫健委、教育、统计等〕统计数据或有关档案等获取历史资料。2009年至今的历史灾害调查作业方式发生转变，各县级应急管理部门可通过国家自然灾害灾情管理系统（www.nndims.com）访问、获取2009年以来的县级灾情数据资料，并实现数据便捷、快速导出。

6.59 历史灾害调查的工作流程是什么？

全国统一领导、部门分工协作、地方分级负责、各方共同参与。领导小组各成员单位各司其职、各负其责、通力协作、密切配合，共同做好历史灾害调查。应急管理部会同有关部门制定总体方案，建立调查的技术和标准体系，做好技术指导、培训、质量控制、信息汇总和分析，充分利用已有信息资源，建设全国历史灾害调查基础数据库，形成全国调查系列成果。

6.60 历史灾害的调查内容有哪些？

（1）年度历史灾害调查。全面调查1978—2020年我国所有省、市、县级行政区逐年各类自然灾害的年度主要灾害信息，包括1978—2020年年度地震发生水平、年度气象要素、年度水文要素、年度灾害发生频次、年度人员受灾、农业受灾、森林和草原受灾、房屋倒损、基础设施损毁、因灾直接经济损失等情况、应对工作情况等。

（2）历史一般灾害事件调查。全面调查1978—2020年我国所有县级行政区各次灾害事件的主要灾害信息，包括1978—2020年重大灾害事件发生时间、灾害影响范围、致灾因子、人员受灾、农业受灾、森林和草原受灾、房屋倒损、基础设施损毁、因灾直接经济损失等情况、应对工作情况等。

（3）重大灾害事件灾情专项调查。全面调查1949—1999年我国所有省级行政区以及2000—2020年我国所有县级行政区各次重大灾害事件的主要灾害，包括 1949—2020 年重大灾害事件的发生时间、灾害影响范围、致灾因子、人员受灾、农业受灾、房屋倒损、工业损失、基础设施损毁、因灾直接经济损失情况以及预防准备工作、监测预警工作、处置救援工作、恢复重建工作情况等。

6.61 历史灾害调查的指标有哪些？

（1）年度自然灾害调查。调查所有县级行政区逐年各类自然灾害的年度主要灾害信息统计指标，主要包括灾害基本信息、灾害损失信息、救灾工作信息、本年度社会经济基本指标、行业部门特征指标等。

（2）一般自然灾害调查。调查所有县级行政区每一历史灾害事件的灾害信息统计指标，主要包括灾害基本信息、灾害损失信息、致灾因子、救灾工作等。

（3）重大自然灾害调查。调查所有县级行政区每一重大历史灾害事件的灾害信息统计指标，主要包括灾害基本信息、灾害损失信息、致灾因子信息、行业部门指标信息等。

6.62 历史灾害调查成果有哪些？

历史灾害调查成果主要包括数据成果、图件成果、文字报告成果、标准规范成果等。

（1）数据成果：历史灾害调查数据。

（2）图件成果：历史灾害调查与评估图谱。

（3）文字报告成果：包括综合减灾资源调查报告、综合减灾能力评估报告、综合减灾资源调查与能力评估培训教材。

（4）标准规范成果：包括政府减灾资源数据采集与核查技术规范、社会力量和企业参与减灾资源数据采集与核查技术规范、乡镇和社区减灾资源数据采集与核查技术规范、家庭减灾资源数据采集与核查技术规范。

6.63　历史灾害调查成果质量控制方式是什么?

省、市级政府对县级政府上报的调查数据进行汇总审核，未通过审核的问题数据，由录入单位对其进行修改，并重新上报。

省、市、县级政府分别对本行政区域的调查成果质量负总责，保证调查成果的完整性、规范性、真实性和准确性。

（1）完整性：各级须对调查对象的完整性、范围完整性、指标完整性、时间完整性进行检查。

（2）规范性：各级须重点检查录入错误和逻辑错误等规范性问题，包括指标间的匹配关系是否符合常识，填报数据是否合理；指标填报的数据类型是否规范。

（3）真实性：调查成果须经过审核校验，重点与历史档案数据资料进行验核。

（4）准确性：各级须对调查成果进行排重、查询、修正，重点进行重复统计的审核。

第七部分 综合减灾资源调查方案

7.64 综合减灾资源调查的目标是什么?

综合减灾资源调查目标为：①查清政府、社会应急力量和企业、基层用于防灾减灾救灾的各类资源；②评估各级政府、社会应急力量和企业、基层的灾前备灾、应急救援、转移安置和恢复重建等方面的能力；③形成各级单元减灾资源分布数据库和综合减灾能力评估相关图件。

7.65 综合减灾资源调查分为哪几类?

综合减灾资源调查主要包括以下三类：政府综合减灾资源（能力）调查、社会力量和企业参与资源（能力）调查、基层综合减灾资源（能力）调查。

7.66 哪个部门为综合减灾资源调查的责任部门?

（1）政府减灾资源调查：由中央、省、市、县各级政府牵头，组织本地各有关部门，逐级填报、层级汇聚。

（2）社会应急力量和企业减灾资源调查：应急管理部门为责任主体部门，市场监管、工信、民政、红十字会、保险监督等部门协调。

（3）基层减灾资源调查：县级政府牵头，组织辖区内乡镇（街道）和社区（行政村）。

7.67　综合减灾资源调查的作业方式是什么?

综合减灾资源调查采取全面调查和抽样调查相结合的作业方式。政府综合减灾资源调查由中央、省、市、县各级政府牵头组织实施;各级政府组织本地各有关部门,按照在地统计或属地统计的原则,结合统计报表,逐级填报、层级汇聚的方式开展;社会力量和企业参与资源调查由县级政府牵头组织实施,按照在地统计的原则,填写统计报表;基层综合减灾资源调查,由县级政府牵头,组织辖区内乡镇(街道)和行政村(社区)开展调查,完成统计报表、调查问卷的填报等工作。其中,报表或调查表填写可采用纸质(离线)、在线或App等多种形式。

7.68　综合减灾资源调查的内容有哪些?

调查对象是中央、省、市、县、乡镇五级政府,规模以上社会组织与志愿者机构,以及大型物流企业、大型救灾装备生产制造企业、大型工程建设企业、保险与再保险等企业,以及社区和抽样家庭。

调查内容包括以下3方面。

(1)政府。

1)政府灾害管理能力:应急管理队伍、防灾减灾资金等。

2)应急救援队伍:消防、地震、隧道/矿山、危化/油气、海事救援。

3)应急救援物资储备基地:容量、储备物资等。

4)应急避难场所(渔船避风港):容量、规模等。

(2)社会应急力量和企业:包括装备及其队伍等。

(3)基层(乡镇、社区、居民):包括防灾减灾、自救互救能力等。

7.69 综合减灾资源调查的成果有哪些?

综合减灾资源调查成果主要包括数据成果、图件成果、文字报告成果、标准规范成果等。

(1) 数据成果：包括减灾资源调查原始数据、减灾能力评估结果数据。

(2) 图件成果：包括减灾资源要素空间分布图、减灾能力评估图。

(3) 文字报告成果：包括综合减灾资源调查报告、综合减灾能力评估报告、综合减灾资源调查与能力评估培训教材。

(4) 标准规范成果：包括政府减灾资源数据采集与核查技术规范、社会力量和企业参与减灾资源数据采集与核查技术规范、乡镇和社区减灾资源数据采集与核查技术规范、家庭减灾资源数据采集与核查技术规范。

7.70 综合减灾资源调查的成果质量控制方式是什么?

省级政府减灾资源调查数据检查，由应急管理部组织相关部委负责；省、市级政府分别负责对市级、县级政府填报的数据进行审核、质检、审核、汇总；社会力量和企业参与资源调查数据的检查，由市级、省级政府负责；基层减灾资源调查数据由县级政府负责检查。

调查数据的校验，除系统预设的校验关系进行自动校审外，上级部门通过抽取一定比例对调查数据进行抽样检查，发现问题及时解决，避免系统性偏差，对不满足验收标准要求的重新填报，直至满足验收标准为止。

拟建立各级自查、上级单位核查和中央最终审核的制度，确保成果的完整性、规范性、真实性和准确性。

第八部分

重点隐患调查方案

8.71 重点隐患调查的目标是什么？

重点隐患调查的目标是在主要灾害致灾调查的基础上，进一步调查单灾种隐患及威胁对象的动态变化等详细信息，摸清主要灾害隐患底数；在已有安全生产数据的基础上，开展次生生产安全事故重点隐患识别及影响评估，调查设防达标情况；通过整合各部门的重点隐患调查及评估数据，对重点隐患的灾种组合、综合强度级别等进行划分，进而提取致灾高危险、承灾体高脆弱、重要承灾体选址不合理、重要防护工程设防水平不足等重点隐患信息。

8.72 重点隐患调查分为哪几类？

北京市自然灾害综合风险普查重点隐患调查分为九类，包括地震灾害重点隐患调查、地质灾害重点隐患调查、洪水灾害重点隐患调查、森林和草原火灾重点隐患调查、自然灾害次生民用核设施重点隐患调查、自然灾害次生危险化学品事故重点隐患排查、自然灾害诱发煤矿次生灾害事故隐患调查、自然灾害次生非煤矿山事故重点隐患调查、重点隐患分区分类分级综合评估。

8.73 不同类别重点隐患调查的内容有哪些？

（1）地震灾害重点隐患调查内容主要包括可能造成严重人员伤亡、引起严重次生灾害或严重影响社会运行等事件的地震易发区内人员密集场所、危化品厂库和重要生命线设施等工程的总体分布、设防能力等。

（2）地质灾害重点隐患调查主要是针对已知的隐患点开展年度例行巡查调查，此项工作一般在各级自然资源主管部门年度地质灾害防治日常工作中安排。

（3）洪水灾害重点隐患调查内容主要江河干支流、中小河流、堤防、水库、水闸、蓄滞洪区等现状防洪能力、存在的主要隐患类型、位置以及严重程度，结合防洪保护对象，综合确定洪水灾害风险等级。

（4）森林和草原火灾重点隐患调查的主要任务是整合并改造已有的森林和草原火灾危险性调查数据、承灾体调查数据、减灾资源调查数据，在此基础上进行分析，初步确定森林和草原火灾重点隐患调查区域和调查对象，到现场开展森林和草原火灾重点隐患调查与评价工作。

（5）自然灾害次生民用核设施重点隐患调查主要任务是结合地震灾害、洪水灾害和台风灾害等主要灾种调查成果，分类开展地震灾害高危险区、洪水影响区和台风灾害影响区民用核设施重点隐患调查工作，开展事故隐患信息采集、自然灾害设防达标情况调查及事故影响评估等。

（6）自然灾害次生危险化学品事故重点隐患调查主要任务是结合主要自然灾害致灾孕灾调查成果，针对处于自然灾害高危险区内的危险化学品生产、储存、使用企业，开展自然灾害次生危险化学品事故危险源调查和评估，对化工园区内和危险化学品企业及周边5km范围内可能受事故灾害影响的重点保护目标进行调查。

（7）自然灾害诱发煤矿次生灾害事故隐患调查主要任务是针对地震、洪水和地质灾害等自然灾害诱发煤矿次生灾害事故的煤矿承灾体高敏感性、高脆弱性、设防不达标、应急救援能力存在严重短板等重点隐患，并结合地震灾害、洪水灾害和地质灾害等主要灾种次生灾害历史调查成果，开展地震灾害高危险区、洪水影响区和地质灾害诱发煤矿次生灾害事故隐患调查工作，采集事故隐患信息，完成自然灾害设防达标情况调查及事故影响评估。

(8) 自然灾害次生非煤矿山事故重点隐患调查主要任务是对地震、洪水等自然灾害可能诱发次生灾害事故的非煤矿山，围绕非煤矿山灾害设防能力，开展非煤矿山事故重点隐患调查与评估，并结合地震灾害、洪水灾害等主要灾种普查结果及次生灾害历史调查成果，开展地震灾害高危险区、洪水影响区次生非煤矿山事故重点隐患调查工作，采集事故隐患信息，完成自然灾害设防达标情况调查及事故影响评估。

(9) 重点隐患分区分类分级综合评估主要任务为地震灾害、地质灾害、水旱灾害、森林和草原火灾重点隐患，以及自然灾害次生安全生产事故危险源（包括次生危化品事故危险源、次生煤炭生产安全事故危险源、次生非煤矿山生产安全事故危险源、次生核设施安全事故危险源）等重点隐患的分区分类分级综合评估。

8.74 重点隐患调查的参与部门有哪些？

重点隐患调查参与的部门包括北京市及各区级的人民政府、应急管理、地震、住建、交通、水利、自然资源、气象、园林、生态部门。

8.75 参与部门负责的任务分别是什么？

(1) 北京市人民政府：指导市级以下政府和市级行业主管部门完成市内各行业制订实施方案；与市级行业主管部门完成市内地震灾害重点隐患调查工作；同时还要指导各区级行政区下属各行业按既定方案要求完成数据规范性的核查工作。牵头实施辖区内自然灾害次生非煤矿山事故重点隐患调查、煤矿次生灾害事故重点隐患调查工作。组织辖区内应急管理、自然资源、气象、水务等部门共同完成本辖区自然灾害次生危险化学品事故危险源调查。组织完成市、区两级重点隐患分类分级评估与制图工作。

（2）北京市应急管理局：负责总体组织工作，组建地震灾害隐患调查技术组和专家咨询组。协调各行业部门的数据共享，汇总全市地震灾害重点隐患调查数据。负责危化厂库地震灾害重点隐患调查，制订实施方案；同时还要指导各区级行政区按既定方案要求完成数据规范性的核查工作；数据汇总和统计分析。具体工作包括数据汇总、成果分析、数据成果制作与图件、报告编制，以及区级部门地震灾害隐患调查成果的验收。

（3）北京市地震局：负责市级行政区的地震灾害隐患评估和市级地震灾害隐患分布图编制工作。指导配合市内各行业和下属各区级行政主管部门制订实施方案、完成调查既定目标；同时还要协调配合指导市内各行业和下属各区级行政主管部门按既定方案要求完成数据规范性的核查工作。负责向中国地震局提交各市级地震灾害隐患调查数据和市级地震灾害隐患分布图。

（4）北京市住房和城乡建设委员会：负责老旧小区、学校校舍、医院建筑、养老院、商业中心、市政桥梁、市政供水等地震灾害重点隐患调查，制订实施方案；同时还要指导各区级行政区按既定方案要求完成数据规范性的核查工作；数据汇总和统计分析。具体工作包括数据汇总、成果分析、数据成果制作与图件、报告编制，以及区级部门地震灾害隐患调查成果的验收。

（5）北京市交通委员会：负责大型桥梁、大型隧道、大型车站等地震灾害重点隐患调查，制订实施方案；同时还要指导各区级行政区按既定方案要求完成数据规范性的核查工作；数据汇总和统计分析。具体工作包括数据汇总、成果分析、数据成果制作与图件、报告编制，以及区级部门地震灾害隐患调查成果的验收。

（6）北京市水务局：负责水库大坝等地震灾害重点隐患调查，制订实施方案；同时还要指导各区级行政区按既定方案要求完成数据规范性的核查工作；数据汇总和统计分析。具体工作包括数据汇总、成果分析、数据成果制作与图件、报告编制，以及区级部门地震灾害隐患调查成果的验收。

（7）北京市规划和自然资源委员会：负责年度地质灾害重点隐患

调查。

(8) 北京市气象局：负责洪水灾害风险普查组织实施、成果审核汇集工作，接收区级上报成果数据，开展质量审核工作。成果不合格的，要求上报单位修改重报；汇总审核合格的成果，将市级成果数据上报水利部。区级气象局负责水库（水电站）大坝安全隐患调查、水闸工程安全隐患、堤防工程安全隐患、蓄滞洪区安全隐患、室内调查、现场调查、资料分析等。

(9) 北京市园林绿化局：根据北京市实际情况制定适应于本地区的森林和草原火灾重点隐患调查工作实施细则，并报国家林草局审核，负责本市调查的具体实施，负责对已有数据进行整合改造，通过已有数据的综合分析确定重点隐患调查区域；组织队伍通过资料收集、询问、调查表、现场勘查等方式对区域重点部位的森林和草原火灾隐患进行拉网式调查；根据隐患评价标准，判定是否存在森林和草原火灾隐患和重大隐患；编制森林和草原火灾重点隐患分布图、重点隐患等级分布图和隐患调查报告；负责以区级为单位进行数据质量核查及检查、数据汇总上报。

(10) 北京市生态环境局：梳理采集辖区内其他核技术利用单位环境影响报告等相关信息，汇总所辖区域其他核技术利用单位数据、图表、报告等资料后，编制自然灾害高危区或影响区核技术利用单位分布、重点隐患数据库，核技术利用单位自然灾害单灾种重点隐患区域分布图、多灾种重点隐患区域分布图以及重点隐患综合评估报告，并通过普查系统上报至生态环境部。

8.76 重点隐患调查的成果有哪些?

(1) 数据成果。

1) 北京市地震灾害重点隐患调查成果数据库。

2) 北京市地质灾害数据库。

3) 北京市洪水灾害隐患调查表。

4) 北京市洪水灾害隐患调查与评估成果数据集。

5）森林和草原火灾原始外业调查记录数据。

6）森林火灾隐患现场勘查汇总表。

7）草原火灾隐患现场勘查汇总表。

8）北京市森林火灾重点隐患调查成果数据库。

9）北京市草原火灾重点隐患调查成果数据库。

10）自然灾害高危区或影响区民用核设施分布数据库。

11）民用核设施自然灾害重点隐患数据库。

12）北京市自然灾害次生危险化学品事故危险源数据库。

13）北京市化工园区自然灾害重点隐患信息管理平台。

14）自然灾害高危区或影响区煤矿企业分布数据库。

15）自然灾害诱发煤矿次生灾害事故隐患数据库。

16）北京市自然灾害次生非煤矿山事故重点隐患数据库。

17）构建完成包含地震灾害、地质灾害、水旱灾害、森林和草原火灾、次生安全生产事故危险源重点隐患，承灾体易损及选址重点隐患、重要防护工程设防隐患的重点隐患综合集成数据库，以及市、区两级重点隐患综合评估成果数据库。

（2）图件成果。

1）北京市（1∶1000000）地震灾害重点隐患分布图。

2）北京市1∶250000、区级1∶50000森林火灾重点隐患分布图。

3）北京市1∶250000、区级1∶50000森林火灾重点隐患等级分布图。

4）北京市1∶250000、区级1∶50000草原火灾重点隐患分布图。

5）北京市1∶250000、区级1∶50000草原火灾重点隐患等级分布图。

6）影响民用核设施的地震、洪水和台风等自然灾害单灾种重点隐患区域分布图以及多灾种重点隐患区域分布图。

7）北京市化工园区自然灾害重点隐患影响分布图。

8）地震、洪水和地质灾害等自然灾害诱发煤矿灾害事故重点隐患区域分布图。

9）地震、洪水等自然灾害次生非煤矿山事故重点隐患区域分布图。

10）市、区两级自然灾害重点隐患分区分类分级评估成果图，比例尺分别为1∶100000、1∶50000。

（3）文字成果。

1）北京市地震灾害隐患调查报告。

2）北京市主要江河干支流、中小河流、堤防、水库、水闸、蓄滞洪区等洪水灾害隐患调查成果报告。

3）北京市森林火灾重点隐患调查报告。

4）北京市草原火灾重点隐患调查报告。

5）民用核设施自然灾害重点隐患调查总结报告。

6）自然灾害次生危险化学品事故重点隐患综合评估报告。

7）自然灾害诱发煤矿次生灾害事故重点隐患调查总结报告。

8）自然灾害次生非煤矿山事故重点隐患综合评估报告。

9）形成自然灾害重点隐患分区分类分级综合评估报告，包括多灾种多承灾体重点隐患调查与评估数据综合集成，重点隐患分区分类分级评估及制图等内容。

8.77 重点隐患调查的成果质量控制方式是什么？

为保证普查成果的真实性和准确性，建立分类分级质量管理体系，北京市各行业部门负责本行业普查成果质量管理，普查成果按照区级自检、市级检查制度进行分级质量管理，各级普查领导机构负责本级普查成果的质量管理工作，并定期向上级普查机构汇报质量管理工作情况。

第九部分 评估与区划方案

9.78 评估与区划的内容是什么?

基于地震灾害、地质灾害、气象灾害、水旱灾害、海洋灾害、森林和草原火灾六大主要自然灾害风险的调查结果，分别进行风险等级评估或评价，并划分自然灾害风险和防治区划空间区域位置；对全国和重点区域的主要自然灾害综合风险水平量化评估，以及按照自然灾害综合风险评估、减灾能力调查评估和重点隐患评估的结果，对自然灾害综合风险和防治区划空间范围进行区域划分。

9.79 评估与区划的目标是什么?

评估与区划的目标为：建立健全全国自然灾害综合风险与减灾能力调查评估指标体系，分类型、分区域、分层级的国家自然灾害风险与减灾能力数据库，多尺度隐患识别、风险识别、风险评估、风险制图、风险区划、灾害防治区划的技术方法和模型库。

9.80 评估与区划包括几大类?

评估与区划包括主要灾害风险评估与区划和灾害综合风险评估与区划两大类。

9.81 每个类别包含的任务有哪些?

(1) 主要灾害风险评估与区划包含：地震灾害风险评估与区划、

地质灾害风险评估与区划、气象灾害风险评估与区划、水旱灾害风险评估与区划、海洋灾害风险评估与区划、森林和草原火灾风险评估与区划六个任务。

（2）灾害综合风险评估与区划包含：自然灾害综合风险评估、自然灾害综合风险区划和防治区划三个任务。

9.82 评估区划的工作流程是什么?

9.82.1 主要灾害风险评估与区划工作流程

（1）地震灾害。地震灾害风险评估实行国务院统一领导，应急管理部统一组织，省、市、县级政府负责实施的领导和管理体制。中央对省实行目标管理，地方实行严格的项目管理。应急管理部履行统筹协调、监督检查、绩效考评等职责。由中央级技术组统一提供不同空间尺度的成熟的数据处理技术，地震灾害风险计算模块，图件制作规范等工作技术方案，由中国地震局进行技术指导与培训，各省级政府完成本行政区域内的地震灾害风险区划图，成果汇交到中国地震局并由其完成系列图件的统一编汇及处理。

（2）地质灾害。自然资源部负责组织统筹开展全国地质灾害风险评估与区划工作，并指导省、市、县三级自然资源部门开展相关工作。地质灾害风险评估与区划工作流程图如图 9－1 所示。

（3）气象灾害。依据收集的台风、干旱、暴雨、高温、低温冷冻、风雹、雪灾和雷电八种气象灾害的灾情数据，建立主要气象灾害灾情数据库，根据经济社会的发展，承灾体的脆弱性、防灾减灾能力等构建灾害风险评估模型，然后对八种气象灾害进行风险评估。进行了各类气象灾害孕灾环境区域划分。根据台风、干旱、暴雨、高温、低温冷冻、风雹、雪灾和雷电八种气象灾害形成原因和历史灾情普查结果，在全国尺度上划分各类气象灾害的主要影响区域。

（4）水旱灾害。

1）水灾。洪水灾害风险评估与区划工作由中央、流域和省（自治区、直辖市）协同完成。水利部组织技术支撑单位完成技术方法编制、

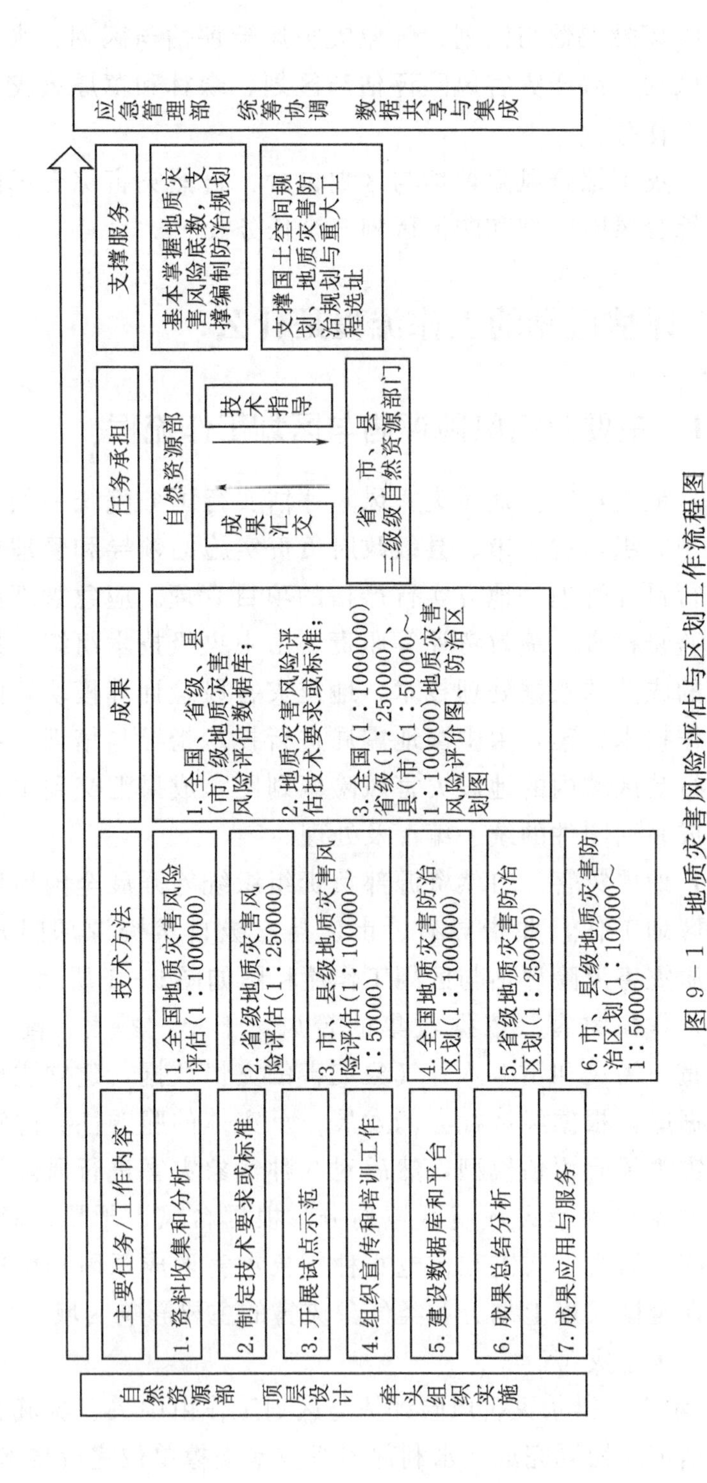

图 9－1　地质灾害风险评估与区划工作流程图

洪水风险评估与区划工具软件开发等，组织开展技术培训和业务指导。各省水利部门按照有关规定和技术要求，组织实施相关工作，委托专业单位收集整理基础资料，开展省级山丘区中小河流洪水淹没图编制、省级洪水风险区划和防治区划图编制，根据地方实际情况和需求开展省级防洪（潮）保护区洪水风险图编制，在省级范围内进行成果审查、验收和集成，并按照要求向所属流域机构和水利部提交相应成果。洪水灾害风险评估及区划流程图如图 9－2 所示。

2）旱灾。在系统收集与整理干旱灾害风险评估与区划所需的气候、地形、地貌、水文水资源等相关数据资料以及相关区划图件资料等的基础上，开展干旱灾害风险评估及风险图编制工作，进而开展干旱灾害风险区划及防治区划编制工作。干旱灾害风险评估与区划流程图如图 9－3 所示。

（5）海洋灾害。省级行政单元负责根据国家制定的海洋灾害风险评估和区划导则，组织开展省级尺度和县级尺度脆弱性评估，并结合危险性评估结果，形成县级尺度风暴潮和海啸风险评估和区划结果，以及省级尺度 5 个灾种的风险评估和区划结果，结合当地灾害发生情况、承灾体分布情况划定县级和省级防治区（重点防御区），通过实地勘验和征求相关部门意见，对结果进行对比分析，编制省级尺度和县级尺度风险评估和区划、防治区（重点防御区）图件。

自然资源部负责建立海洋灾害风险评估和区划、防治区（重点防御区）划定技术规范，开展国家尺度 5 个灾种危险性区划，集成汇总沿海各省级行政区报送的海洋灾害防治区（重点防御区）划定成果，划定国家尺度海洋灾害防治区（重点防御区），并绘制国家尺度区划和防治区（重点防御区）图件。海洋灾害风险评估与区划工作流程图如图 9－4 所示。

（6）森林和草原。森林和草原火灾风险评估和区划的总体工作流程如图 9－5 所示。

9.82.2 灾害综合风险评估与区划工作流程

综合风险评估与区划整体工作流程如图 9－6 所示。各级政府、各行业主管部门要理清已开展相关项目的实施情况和已有的工作成果，认真梳理是否存在已有的综合风险评估与区划成果。

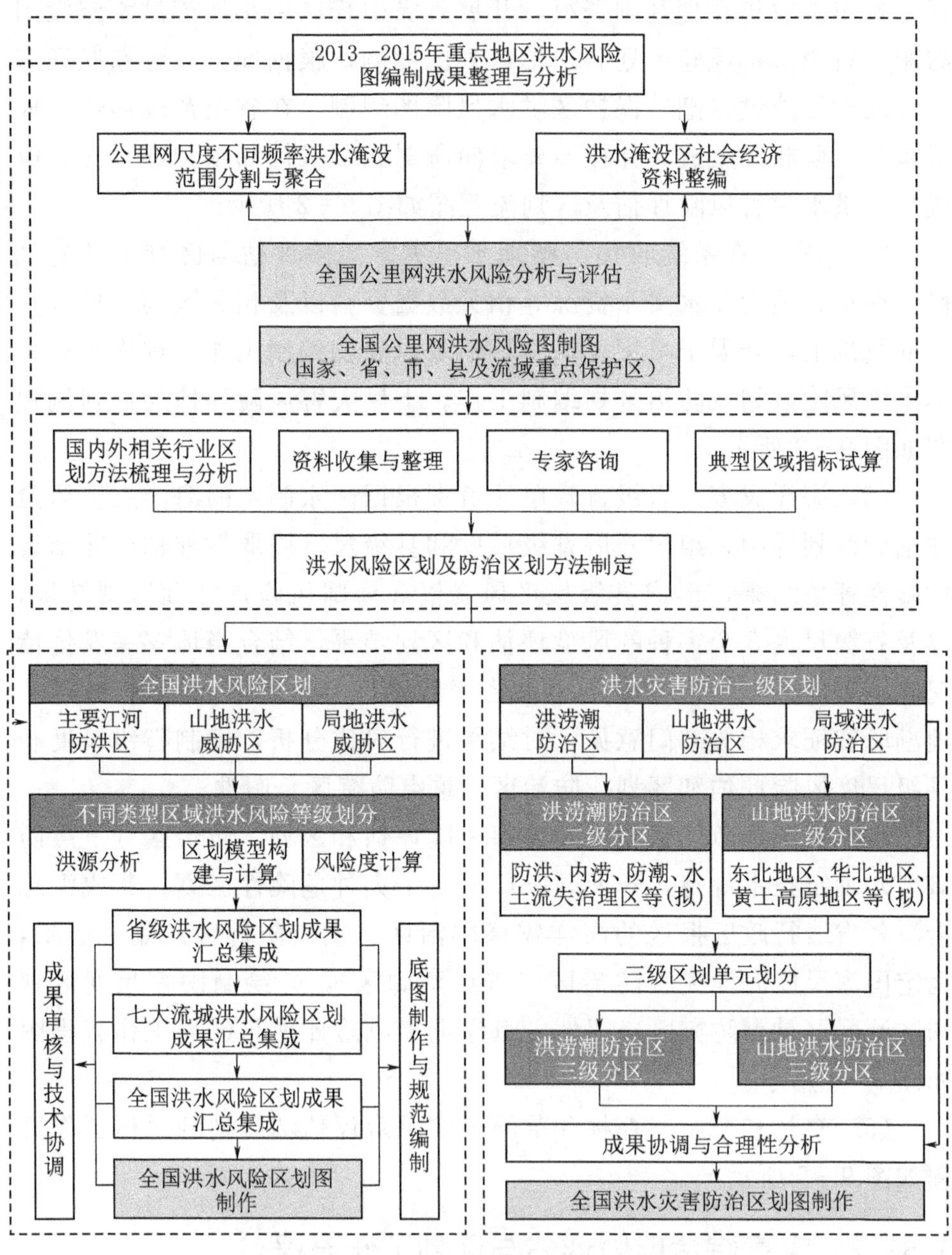

图 9－2　洪水灾害风险评估及区划流程图

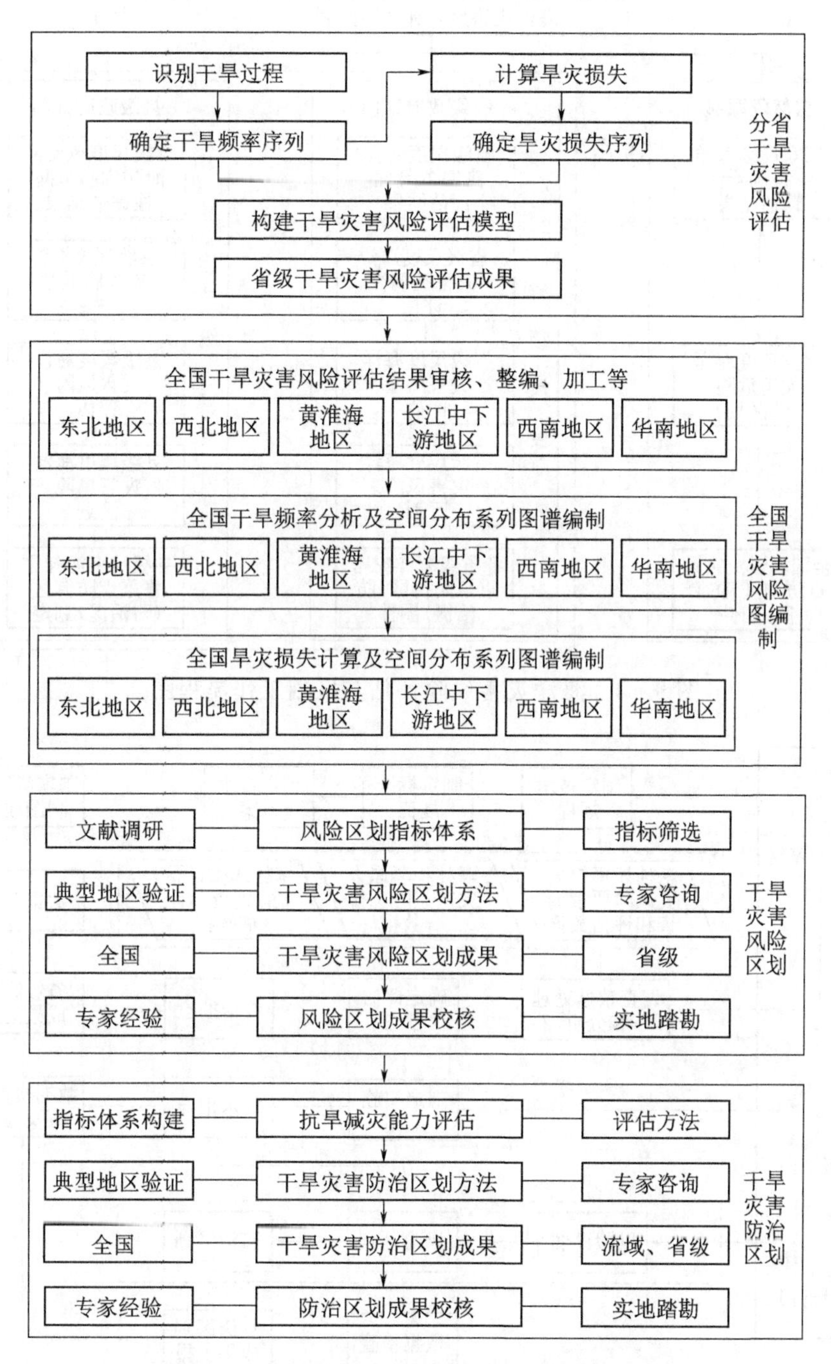

图 9-3 干旱灾害风险评估与区划流程图

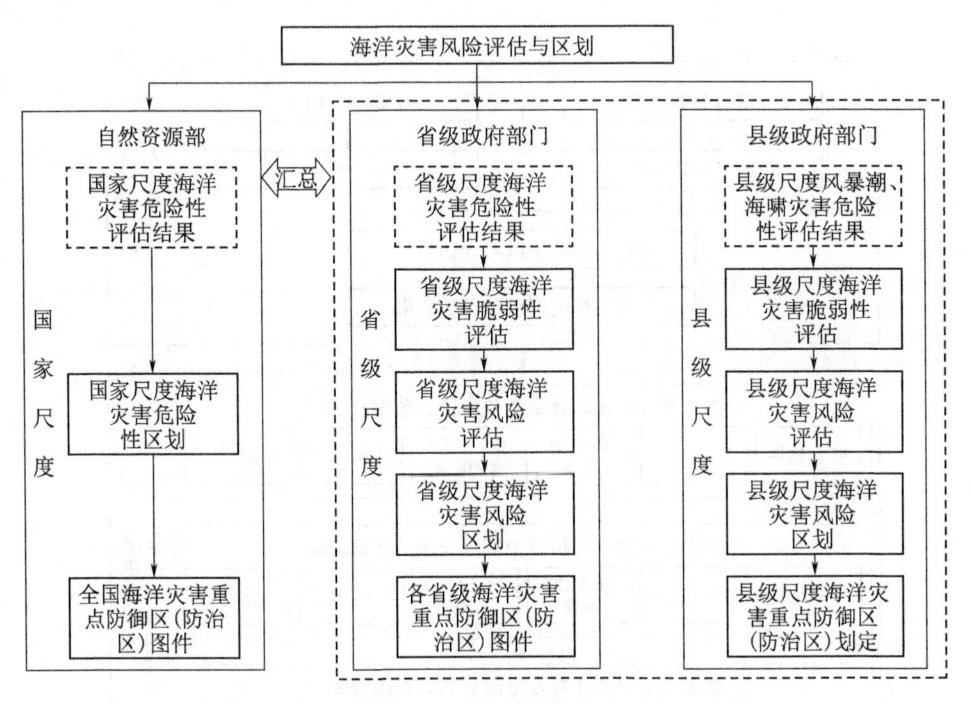

图 9－4　海洋灾害风险评估与区划工作流程图

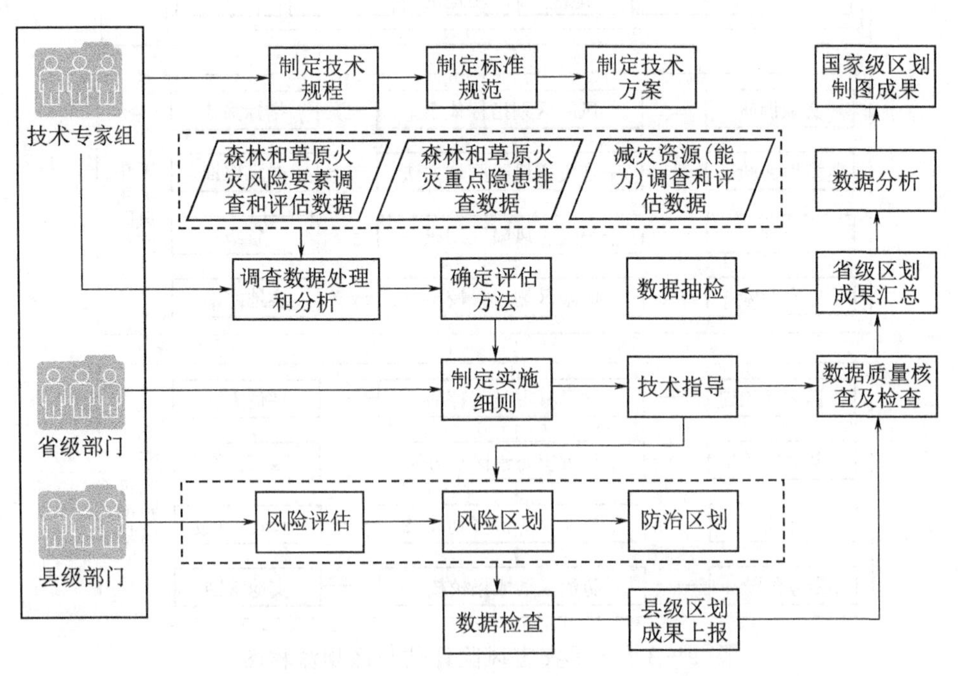

图 9－5　森林和草原火灾风险评估和区划总体工作流程图

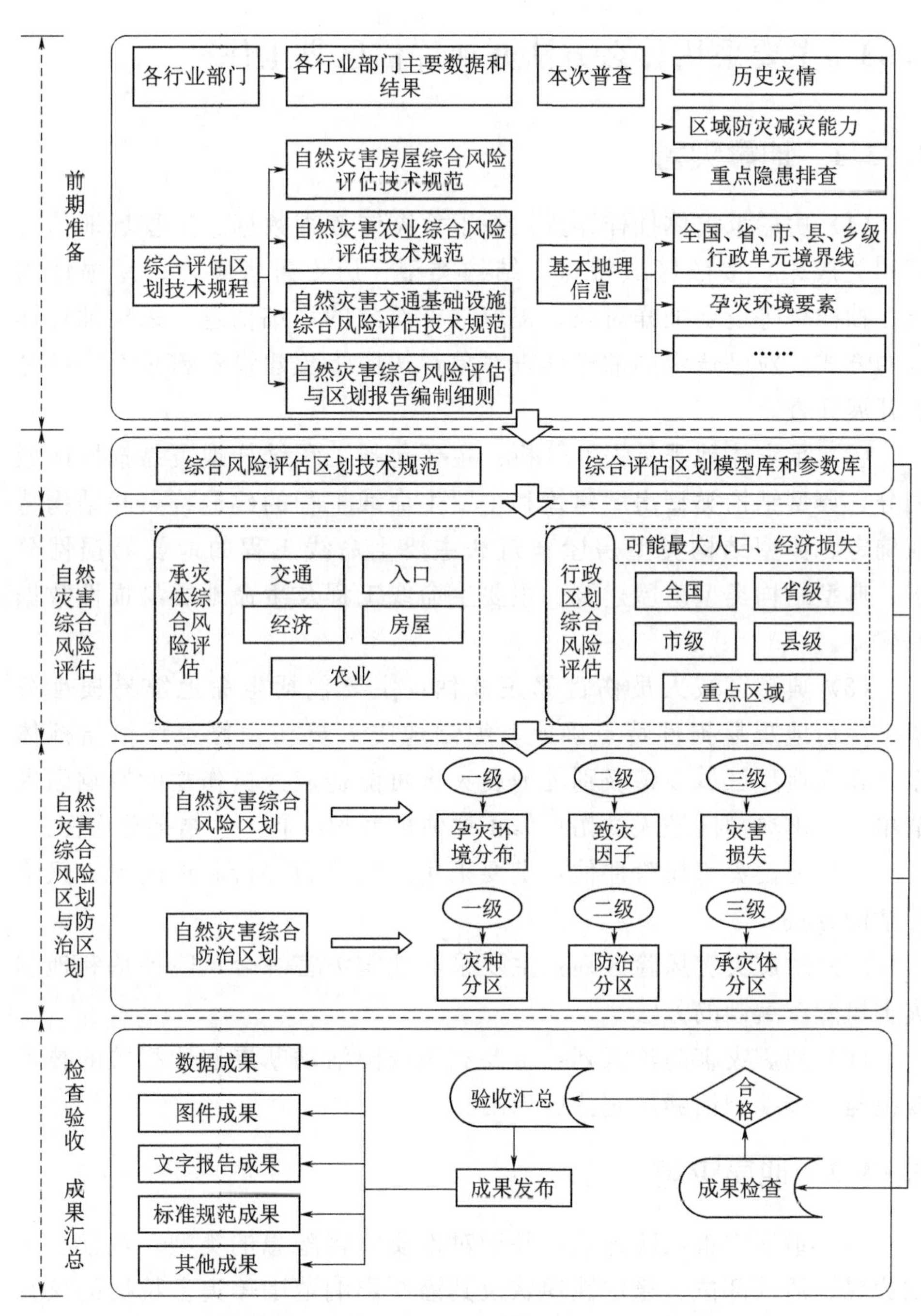

图 9-6 综合风险评估与区划整体工作流程

9.83　主要采用什么方法开展评估区划工作?

9.83.1　地震灾害

(1) 房屋承灾体抽样详查：基于承灾体普查数据、工程场地信息等相关成果，按照区域特点、结构类型、历史震害特点、易损性需求、抽样率等设定抽样对象，提取抽样对象的详细信息，采用抽样详查的方式，对已选定的抽样详查对象，按照工程建设资料是否完备分别开展详查。

(2) 承灾体地震易损性分析：主要包括工程结构地震易损性区域划分、典型结构类型房屋建筑和主要生命线工程的建造特点和结构特征确定、典型结构类型房屋建筑和主要生命线工程的地震易损性分析、典型结构类型房屋建筑、主要生命线工程及生命地震易损性数据库建立。

(3) 典型区域人员伤亡修正评估：主要包括生命地震易损性分析、生命地震易损性特点确定、编制地震人员伤亡修正评估指标体系、建立典型区域乡镇级别的地震灾害可能造成人员伤亡的影响因素清单、给出典型区域人员伤亡修正评估模型和编制评估结果分布图。

(4) 地震灾害风险评估：主要采用抗震能力评价和地震灾害风险评估的方法。

(5) 地震灾害风险区划：主要采用地震灾害综合风险评估和地震灾害风险图编制的方法。

(6) 地震灾害防治区划：主要利用我国活动断层避让相关的技术规范与标准编制活断层避让区划图。

9.83.2　地质灾害

(1) 地质灾害风险评估：基于对地质灾害隐患的类型、规模、范围边界、活动部位、稳定性现状及其潜在影响范围等灾害特征的核查确认，以及影响区内各类型承灾体数量，综合考虑地质灾害隐患点的活动性和危害性，采用定性或半定量的方法，评估地质灾害风险。

（2）地质灾害风险区划：收集整理人员、财产和环境等各类主要承灾体的暴露数据，进行空间化，分析不同地质灾害情景条件下不同类型承灾体的易损性表现。尽可能获取精细化的敏感承灾体资料，以及详细的历史地质灾害损失资料。根据不同尺度风险区划的要求，分别以量值或密度等方式对地质灾害承灾体进行定量描述，建立全国-省-市-县4级承灾体定量指标体系与评估标准。

（3）地质灾害防治区划：在全国地质灾害风险区划、综合防灾减灾能力分布的基础上，编制全国地质灾害综合防治区划，比例尺为1∶1000000；编制省级地质灾害防治区划，比例尺为1∶250000；编制市、县级地质灾害风险防治区划比例尺为1∶50000～1∶100000。

9.83.3　气象灾害

对台风、干旱、暴雨、高温、低温冷冻、风雹、雪灾和雷电八种气象灾害脆弱性进行量化的分析、区划和评价，并在此基础上，结合全国现在的情况，提出具有针对性的防灾减灾措施。

9.83.4　水旱灾害

（1）洪灾。

1）全国及流域重点防洪区洪水风险评估与制图：

在2013—2015年重点地区洪水风险图编制成果的基础上，按照《第一次全国自然灾害综合风险普查总体方案》要求，开展公里网尺度的各频率洪水淹没范围的分割与聚合，分析评估公里网单元各频率洪水的受淹面积、水深、受影响人口、房屋、农业、工业、直接经济损失等损失数据；在公里网单元基础上，合并汇集形成国家、省、市、县4级行政区重点防洪区和流域重点防洪区洪水风险图和洪水风险数据。

2）全国洪水风险区划：按照主要江河防洪区、山地洪水威胁区和局地洪水威胁区三种类型，采用水力学和水文学相结合的方法开展洪水风险区划。

3）全国洪水灾害防治区划：在整理国内外洪水灾害防治研究实

践成果和借鉴其他行业防治区划技术方法的基础上，通过专家咨询、典型区域试算等方法，筛选洪水灾害防治区划指标体系，明确分级分区界限确定原则和各级分区的区划指标。

（2）旱灾。旱灾包括收集与整理相关资料、编制相关技术指导文件、分省干旱灾害风险评估、全国干旱灾害风险图编制、干旱灾害风险区划编制和干旱灾害防治区划编制。

9.83.5 海洋灾害

海洋灾害包括风暴潮灾害风险、海浪灾害风险、海啸灾害风险、海平面上升风险和海冰灾害风险。进行脆弱性评估和风险评价，将风暴潮灾害危险性区划分为高危险区（Ⅰ级）、较高危险区（Ⅱ级）、较低危险区（Ⅲ级）、低危险区（Ⅳ级）四级。

从国家尺度、省级尺度、县级尺度不同尺度进行海洋灾害防治区（重点防御区）划定，并确定防治区（重点防御区）范围、现场勘验与征求意见。

9.83.6 森林和草原火灾

（1）森林和草原火灾风险评估：全国及各省以县级行政区为评估单元，县级行政区以乡镇为评估单元，对各单元进行森林和草原火灾风险评估。

基于域内森林和草原火灾致灾孕灾调查、隐患调查、历史灾害调查等成果，叠加区域范围内公路、通信设施、住宅、公共建筑、森林公园、自然保护区、人口等承灾体分布数据，建立森林和草原火灾风险评估指标体系与评估模型；根据不同尺度森林和草原火灾风险区划要求（全国-省-市-县），开展全国、省级、县级不同空间尺度、不同单元森林和草原火灾风险评估，形成全国 1∶1000000、省级 1∶250000、县级 1∶50000 的森林和草原火灾风险分布图。

（2）森林和草原火灾风险区划：国家级和省级尺度以县为基本区划单元，市级和县级尺度以森林和草原火灾风险评估结果为基础，以乡镇或林班为基本区划单元。

将森林火灾风险区划分为Ⅰ级森林火险区、Ⅱ级森林火险区、Ⅲ级森林火险区3类。草原火灾风险区划分为Ⅰ级草原火险区（极高）、Ⅱ级草原火险区（高）、Ⅲ级草原火险区（中）、Ⅳ级草原火险区（低）4类。

（3）森林和草原火灾防治区划：包括国家、省级尺度森林和草原火灾防治区划和市、县级尺度森林和草原火灾防治区划。

在国家、省级尺度森林和草原火灾风险评估区划结果基础上，分析历史森林和草原火灾影响特征与分布，考虑历史森林和草原火灾发生频次、强度，考虑区域森林面积、活立木蓄积、重点林业工程、重要生态区位，基于森林和草原火灾风险评估结果、重点隐患调查结果、防治减灾能力调查结果，进行森林和草原火灾防治区划定。

在县级尺度森林和草原火灾风险评估区划的基础上，结合致灾要素调查评估结果、隐患点的类型和规模、防灾能力、防治工作部署现状等条件，综合乡镇地区经济结构、重大林业工程的规划、重要生态区位，采用综合定性方法明确县级尺度森林和草原火灾风险防治分区。

9.83.7 灾害综合风险评估与区划

自然灾害综合风险评估方法体系包括：面向承灾体的多灾种综合风险评估和面向行政单元的多灾种综合风险评估。在综合方法上：①单灾种风险使用风险等级评估方法时，按照灾害权重法进行综合；②单灾种风险使用期望损失和超越概率评估方法时，采用概率统计法综合；③单灾种风险使用未来情景评估时，采用仿真模拟和概率统计法进行综合；④进行情景风险试点评估时，采用实验、仿真模拟、统计与概率相结合的方法进行综合；⑤单灾种风险权重叠加方法不适用的情况下，通过区域历史灾情数据和综合致灾强度进行多灾种综合风险等级与损失期望评估。

9.84 评估和区划的成果有哪些?

评估和区划成果主要包括数据成果、图件成果、文字报告类成果、标准规范类成果和软件系统类成果。例如，地震灾害风险评估与区划成果如下：

（1）数据成果。

1）房屋承灾体抽样详查数据库。

2）典型地区人员伤亡修正的影响因素清单数据集。

3）包括典型地区和城市群中可能造成人员伤亡的主要因素的数据清单和调查结果数据集。

4）典型工程结构以及生命地震易损性数据库。

（2）图件成果。

1）全国 1∶1000000 的不同概率水平地震灾害风险图。

2）各省份 1∶250000 的不同概率水平地震灾害风险图。

3）重点县市 1∶50000 的不同概率水平地震灾害风险图。

4）典型地区人员伤亡修正评估结果分布图。

5）基于易损性人员伤亡评估模型，结合调查数据进行模型修正，获得基于典型地区和城市群级别的人员伤亡修正评估结果及相关分布图。

6）开展活动断层 1∶50000 填图地区的活动断层避让区划图，比例尺 1∶50000。

7）全国房屋抗震加固优先级区划图，比例尺 1∶1000000。

8）重点县市房屋抗震加固优先级区划图，比例尺 1∶50000。

（3）文字报告成果。

1）房屋承灾体抽样详查报告。

2）工程结构和生命地震易损性评估报告。

3）地震灾害风险评估报告。

4）典型区域人员伤亡修正评估报告。

5）典型地区和城市群中补充调查报告和修正评估模型的评估结果评估报告。

6）地震灾害综合防治区划工作报告。

（4）标准规范成果。地震灾害风险评估技术及数据规范。

9.85 评估和区划的成果质量控制方式是什么？

建立过程质量控制、分类分级质量控制、质量管理督查和抽查机制，明确国家和地方各级各部门开展专项成果和综合成果的质量管理职责、任务和办法。统一制订全国自然灾害综合风险普查成果质检与核查、汇交、审核、验收等制度及相关技术细则，在软件系统建设中设计开发必要的质检功能和工具，支撑质量管理工作开展。

第十部分 质量控制方案

10.86 质量管理的目标是什么?

建立健全的分类分级质量控制、质量管理督查和抽查机制，落实国家和地方各级各部门开展专项成果和综合成果的质量管理职责和任务，是为了保障普查成果的科学性、客观性、完整性。

10.87 质量管理工作应遵循什么原则?

本次普查质量管理工作遵循以下原则：

（1）坚持质量第一原则，成果质量必须符合国家技术要求和标准规范的规定。坚持质量标准、严格检查，一切用数据说话，质量标准是评价产品质量的尺度，数据是质量控制的基础。产品质量是否符合质量标准，必须通过严格检查，以数据为依据。

（2）质检核查采用分级分阶段检查制度，各级政府部门对下一级部门普查工作进行不定期督查并抽查成果质量，每一阶段成果经过检查合格后，可转入下一阶段，避免将错误带入下阶段工作，保证成果质量。

（3）各级政府部门贯彻科学、公正、守法的职业规范，在监控和处理质量问题中，应尊重客观事实，尊重科学、正直、公正、不持偏见；遵纪、守法，杜绝不正之风；既要坚持原则、严格要求、秉公办事，又要谦虚谨慎、以理服人、热情帮助。

10.88 质量控制的组织实施模式是什么?

国家普查机构负责建立监督抽查的相关工作机制，明确国家和地方各级监督抽查的主要职责。普查成果的质检与核查工作按照全国统一领导、分级分类负责的机制组织实施。

10.89 普查成果最终如何验收？

本次普查最终成果采用质检核查软件系统辅助或委托第三方机构进行成果质量检查和核查，并出具质检报告，为任务验收提供依据。

第十一部分 宣传动员

11.90 宣传动员的意义是什么?

自然灾害综合风险普查任务重、难度大、涉及面广，做好社会宣传动员工作极为重要。为加强领导，统筹安排，确保各级各部门有序开展宣传工作，使第一次自然灾害综合风险普查的意义及要求深入到各普查对象，为普查工作的顺利进行创造良好的社会环境和舆论氛围，制定宣传方案。

全面贯彻党的十九大精神，以习近平新时代中国特色社会主义思想为指导，紧紧围绕统筹推进“五位一体”总体布局和协调推进“四个全面”战略布局，牢固树立和落实新发展理念，坚持以人民为中心的发展思想，全面落实党中央、国务院关于提高自然灾害防治能力的决策部署，大力宣传第一次全国自然灾害综合风险普查工作对促进国民经济和社会发展、推进国家治理体系和治理能力现代化的重要意义，引导全社会牢固树立灾害综合风险理念和防灾减灾救灾意识，广泛深入地开展宣传动员，努力营造良好的舆论氛围。

11.91 宣传的任务和目标是什么?

实施北京市自然灾害综合风险普查是深入学习贯彻习近平总书记关于防灾减灾救灾和自然灾害防治工作重要论述的具体行动。通过在全国范围内对风险普查的重大意义、工作内容、清查和调查内容、先进人物和事迹、成果及其应用等深入开展宣传，引导全社会进一步增强自然灾害国情认识，进一步强化防灾减灾救灾意识。通过宣传，加强各级政府和部门对风险普查工作的重视，提高各部门参与风险普查工作的积极性；增强广大人民群众对风险普查工作的了解和支持，促进社会各界对风险普查工作的配合与参与，保证风险普查成果真实、全面、准确、可靠。

北京市自然灾害综合风险普查，是为了摸清北京市范围内灾害风险隐患底数，查明重点区域抗灾能力，客观认识各区灾害综合风险水平，为各级政府有效开展自然灾害防治和应急管理工作、切实保障社会经济可持续发展提供权威的灾害风险信息和科学决策依据。

11.92 本次普查的宣传标志是什么？

“第一次全国自然灾害综合风险普查2020—2022”标志（见图11-1），以自然灾害、放大镜、圆环为主要图形元素。外围圆环图形，寓意全民齐心协力、共同参与自然灾害综合风险普查，也体现全民共同发展的美好愿景；中间反白部分融合了放大镜元素，体现深入的风险要素调查、隐患调查等含义；内圈圆形包含本次普查涉及的六大灾种，并以各类灾害代表色为主要色彩元素，寓意全面和综合；“2020—2022”为第一次全国自然灾害综合风险普查的时间段。普查标志集中体现了

图11-1 “第一次全国自然灾害综合风险普查2020—2022”标志

第一次全国自然灾害综合风险普查“综合”和“统筹”的主旨。

11.93　宣传任务的职责分工是什么?

自然灾害综合风险普查宣传工作按照统一部署、分级负责、同步宣传、共同参与的原则组织开展。国务院第一次全国自然灾害综合风险普查领导小组办公室（以下简称国务院普查办）负责风险普查工作的组织实施。

各地普查办公室在地方政府、宣传部门领导下，按照国家统一部署，会同有关部门共同做好本地区风险普查的宣传工作。

国务院普查办具体负责组织、策划、协调和实施风险普查宣传工作，制定宣传工作方案和宣传重点、拟定宣传口号、设计宣传海报和LOGO、制作公益宣传片和科普短视频、组织新闻发布会、编印宣传图册、开展普查媒体行活动等工作。

各省、市、县级普查办按照工作方案的要求，结合本地实际，因地制宜，制定风险普查工作宣传方案，组织本级和指导下级开展风险普查宣传工作。

各地省、市、县级普查办应设专人，负责风险普查宣传工作的组织和实施，开展风险普查的日常宣传。

11.94　宣传任务是如何安排的?

按照工作安排，普查工作分为前期准备与试点阶段，全面调查、评估与区划阶段，以及成果发布及后期工作三个阶段，宣传工作围绕三个阶段的中心工作同步开展。针对重大活动，可视情况专门制订具体的宣传工作方案。

11.94.1　前期准备与试点阶段（2020年）

11.94.1.1　主要任务

以制定宣传工作方案、准备宣传材料、制作宣传产品、部署和开展宣传动员工作为主，努力营造家喻户晓、各方配合的良好社会氛围。及时解读《国务院办公厅关于开展第一次全国自然灾害综合风险普查的通知》（国办发〔2020〕12号）、风险普查总体方案和实施方案，以及相关政策等；宣传我国自然灾害基本国情，普及风险普查的目的和意义、对象和内容、工作安排等；报道风险普查工作的组织准备、阶段进展等情况；结合风险普查的特点，开发形式多样的系列化宣传产品。

11.94.1.2　工作内容

（1）国家（国务院普查办）层面。

1）制订宣传工作方案，部署宣传工作。

2）协调相关新闻媒体机构，落实宣传渠道。

3）发布《国务院办公厅关于开展第一次全国自然灾害综合风险普查的通知》（国办发〔2020〕12号），并做详细解读和集中报道。

4）宣传报道风险普查准备工作情况。

5）进行宣传产品的制作。

a. 拍摄制作公益宣传片。宣传片在1min左右，以介绍风险普查意义与内容、创新与特点、主要调查流程、依法普查等内容为主，可在中央媒体、主流媒体、相关网站、街头LED屏、地方电视台、自媒体等进行投放。在宣传片的基础上，制作10～15s左右的简版公益广告片，供电视台及新媒体播出使用。

b. 制作宣传海报和宣传折页。结合普查的目的、意义、时间节点和需要普及的小常识，可创作不同风格的宣传海报和折页，并将电子版上传至风险普查网站，供各地下载并按照需要自行印制。

c. 撰写并发放公开信。给每一位普查对象发一封公开信，将开展风险普查的目的、意义、主要内容告知每一个对象，取得他们的理解、支持与配合。

d. 普查专访、专题和专栏制作。在系统内和相关行业杂志开设普查专栏，制作专题并邀请领导、专家对风险普查工作进行总结、解读与展望，并对普查工作进展情况及“北京房山试点样板”进行全方位宣传推广。

e. 建立风险普查网站。推送风险普查要闻、各阶段工作进展、有关宣传产品等，利用风险普查外网扩大宣传，面向普查对象、普查员及社会公众，传播普查知识，强化配合意识，提升普查技能。

6）开展宣传活动。

a. 开展宣传口号和LOGO征集活动。为做好风险普查的宣传动员工作，在全国范围内征集、评选和发布风险普查口号和LOGO。并于2020年年底前对外发布普查口号、LOGO征集结果。

b. 开展多媒体宣传。在2020年年底，利用中国中央电视台、主流媒体网站、微信朋友圈广告、微博、抖音等媒体对普查产品进行全方位宣传。

（2）省级及以下层面。

省级普查办要根据本阶段国家层面的宣传工作安排，根据地方实际制定本省的普查宣传工作方案，落实本省份的宣传任务，并指导市、县级开展准备阶段的普查宣传工作。

1）各省级、市级、县级、乡级行政单位要在醒目位置展示风险普查的LOGO、口号和海报等；在各个乡镇、街道、社区、村发放风险普查宣传折页；协同各地主流媒体，设置专题、专栏及时跟进普查动态。

2）各省要落实并指导市、县级，充分利用宣传橱窗、广播和电视、电子显示屏及智能移动终端（App，如微博、抖音、快手）等多种形式，播放风险普查公益宣传片，如有需求可根据各地情况自制宣传片，做好全方位宣传。各级有关部门可视情况在官方微博微信上开辟普查专栏，发布普查信息、工作进展、普查知识以及各类宣传产品，解答社会关注的相关问题等；可开展“随手拍”等主题活动，记录普查期间发生的点滴小故事，展现风险普查人的工作风貌。

3）各省级行政单位、市级行政单位、县级行政单位要设立专人专职，积极配合国务院普查办的宣传工作，做好地方信息收集和上报。要在日常风险普查工作中，注重发掘和宣传在风险普查工作中保持优良作风、坚持率先垂范的先进典型和涌现出的优秀经验和创新做法，将这些作为宣传重点材料及时报送国务院普查办；配合相关行业杂志社对各地风险普查工作进行政策解读等，充分发挥典型示范引领作用。

11.94.2 全面调查、评估与区划阶段（2021—2022年）

11.94.2.1 主要任务

以全面调查、评估与区划为主线，全面介绍风险普查的创新思路、技术方法，宣传国务院风险普查电视电话会议精神，解读风险普查的实施方案、技术方案以及系列政策，推广先进经验和好的做法，报道先进典型，重点宣传普查工作的科学严谨性和普查人员的敬业奉献精神风貌，发布风险普查工作动态。

11.94.2.2 工作内容

（1）国家（国务院普查办）层面。

1）宣传报道以2020年12月31日为标准时点调查数据的必要性、紧迫性和重要意义。

2）结合风险普查各项技术方案的制修订，开展风险普查政策解读和宣传。

3）配合2020—2021年“5·12”全国防灾减灾日、国际减灾日、“11·9”消防日等活动，开展“做好风险普查工作、摸清灾害风险国情”方面的宣传。

4）围绕自然灾害防治能力重点工程的开展，进行风险普查工作“边普查、边应用、边见效”方面的宣传报道。

5）开展先进经验、先进典型、先进事迹和先进人物的宣传报道。

6）及时宣传报道有关风险普查的领导讲话、会议精神和工作动态。

7）制作宣传产品，开展宣传活动。

a. 更新普查网站。对普查网站进行改版升级，并进行后续更新维护，并在网站上对普查经验、样板、重大事件和重大活动进行专题报道。

b. 制作宣传产品。制作普查科普短视频和普查工作阶段性成果推广视频，制作普查工作展示和常识宣传手册。

c. 开展宣传活动。举办普查阶段性成果新闻发布会，开展“普查媒体行”宣传活动，进行“普查工作随手拍”短视频大赛。

d. 进行宣传产品投放和宣传舆情评估。结合，对制作的科普短视频等产品进行多渠道投放，在《中国减灾》杂志制作普查专刊，对普查工作进展、阶段性成果和各地经验做法进行专题跟进报道。对刊登普查专栏、制作专刊的杂志进行订购并广泛宣传，对普查活动和宣传效果进行定期评估。

（2）省级及以下层面。利用地方主流媒体配合并落实国家宣传的具体内容，主要包括：

1）各省级行政单位、市级行政单位、县级行政单位、乡级行政单位要在醒目位置展示风险普查的口号和海报等；在各个乡镇、街道、社区、村发放风险普查宣传册；协同各地主流媒体，设置专题、专栏及时跟进普查动态。

2）各省要落实并指导市、县（区），充分利用宣传橱窗、有线广播和电视、电子显示屏及智能移动终端（App，如微博、抖音、快手）等多种形式，播放风险普查科普短视频，如有需求可根据各地情况自制短视频，做好全方位宣传。

3）各省、市、县（区）要设立专人专职，积极配合国务院普查办的工作，做好地方信息宣传。组织各地普查工作人员随时记录下普查工作的精彩镜头，讲述发生在身边的普查故事，分享普查工作场景等，以具有现场感的形式广泛宣传普查工作的科学性以及普查工作人员敬业奉献的精神面貌，并及时报送国务院普查办，发布在普查网站上；配合相关行业杂志社做好各地普查工作经验、成果等内容的宣传报道工作，在宣传中抓好典型，充分发挥典型示范引领作用。

11.94.3　成果发布及后期工作（2022 年下半年至 2023 年）

11.94.3.1　主要任务

在成果总结发布阶段，制定风险普查成果图册，持续向全社会介绍风险普查工作取得的各类成果，介绍风险普查成果应用前景和成效。

11.94.3.2 工作内容

(1) 国家（普查办）层面。

1）组织普查成果新闻发布会。全国风险普查结束后，其主要结果通过组织新闻发布会、发布风险普查公报等形式向社会公布。

2）与主流媒体沟通，加强成果解读。在普查公报发布的同时，加强数据解读和宣传，促进社会各界充分认识认可普查的重要成果，科学合理使用普查数据；邀请普查工作领导小组、普查办工作人员刊发一批质量高、有影响的理论研究文章，总结风险普查工作成果。

3）宣传成果的专题、专栏制作。在相关行业杂志制作专题专栏，邀请领导对普查工作进行全面总结、邀请专家对普查进行解读，制作普查成果展示专刊。

(2) 省级及以下层面。

1）各省级行政单位、市级行政单位、县级行政单位要协同各地主流媒体，对普查成果进行全面展示。

2）各省级行政单位、市级行政单位、县级行政单位普查办要做好地方信息汇总、分类，及时总结、上报。

11.95 宣传对象有哪些?

北京市自然灾害综合风险普查宣传活动的重点对象主要是：社会公众、被普查单位的工作人员、政府机关的工作人员、参与自然灾害综合风险普查的作业人员以及行业内或其他省市测绘地理信息行业的从业人员。

11.96 如何开展宣传工作?

北京市自然灾害综合风险普查宣传工作，主要分为四个层面开展。

第一层面——政府层面。重点宣传普查的重要性，同时以日常信息报送、工作简报，以及年报等模式向上级、其他部门汇报自然灾害综合风险普查工作的开展进度、质量以及发现的问题。

第二层面——公众层面。用通俗易懂的语言和方式，结合世界地球日、测绘法宣传日等活动，宣传自然灾害综合风险普查与市民的关系。同时在电视、广播等媒体上播放或火车站、汽车站、公交车站等公众场所投放公益性广告，让更多的市民知晓、了解自然灾害综合风险普查工作。

第三层面——行业内部。通过新闻、信息报道等方式，宣传北京市自然灾害综合风险普查的进度质量、先进做法、地方特色等，让国家和地方测绘地理信息行业管理部门、行业内从业单位了解北京市自然灾害综合风险普查的开展情况。

第四层面——普查人员。通过开展宣传口号、宣传海报征集，开展主题征文、科技征文、主题演讲比赛、主题知识竞赛等活动，让北京市从事自然灾害综合风险普查的作业人员更深层次理解自然灾害综合风险普查的意义，更好地投入到自然灾害综合风险普查生产中去。

11.97　宣传方式有哪些?

综合发挥纸媒、广播电视、网站、官微、自媒体和短视频等媒体传播矩阵和立体传播优势，充分利用电视、广播、报刊和网络等传媒手段，通过新闻报道、政策解读、公益宣传等方式对风险普查工作进行广泛的宣传报道，提高风险普查新闻舆论引导力、传播力、影响力、公信力。

国务院普查办在中央主流媒体和部署媒体刊发宣传报道，在应急管理部门户网站、第一次全国自然灾害综合风险普查网站、国家减灾网，中华人民共和国应急管理部、中国应急管理微信公众号，中国应急管理杂志、中国应急管理报、中国减灾杂志等平台及时发布风险普查相关消息。

各地通过当地电视、广播、报刊、网络等媒体和利用宣传栏、电子屏等方式对风险普查工作进行持续的跟踪宣传报道。针对社会关注的重点、热点问题，地方各级普查办应立即报告国务院普查办，以便迅速协同联动并充分发挥多媒体融合宣传的优势及时回应社会各界对风险普查工作的关切，确保正面宣传引导的主旋律。同时，各地在对风险普查工作进行阶段性、年度和整体总结中，应全面总结宣传工作的典型经验和做法。

11.98 宣传口号有哪些?

(1) 普查目的意义类：

1) 全国自然灾害综合风险普查是一项重大的国情国力调查

2) 第一次全国自然灾害综合风险普查是利国利民的大事

3) 全国自然灾害综合风险普查：重点在统筹、难点在统筹、亮点也在统筹

4) 风险隐患底数清 抗灾减灾能力提

5) 风险普查重真实 把脉国情促发展

6) 摸清风险隐患底数 保障安全心中有数

7) 底数清、风险明，隐患消、效果好

8) 摸底数、查能力，提认识、促发展

9) 国之情、民之意，查风险、促稳定

10) 坚持以人民为中心 做好灾害风险普查

11) 普查灾害风险 助力科学发展

12) 摸清灾害国情 造福人民大众

(2) 普查内容和组织实施类：

1) 灾害风险普查：查隐患、促安全、助发展

2) 普查六大灾种 把脉基本国情

3) 灾害风险普查 各方共同参与

4) 明确普查任务、把握关键环节、规范操作流程、保证数据质量

5) 开展风险普查、健全数据档案、加强信息服务、促进社会发展

6）全国自然灾害综合风险普查：全面普查、科学普查、依法普查、文明普查

7）确保第一次全国自然灾害综合风险普查圆满成功

8）全国统一领导、部门分工协作、地方分级负责、各方共同参与

9）抓好自然灾害风险普查工作：创新工作方法、利用先进技术

10）灾害风险普查，求真求实求准确；把脉国情隐患，利国利民利未来

（3）普查社会动员类：

1）风险普查 人人有责

2）风险普查 利国利民

3）风险普查 造福桑梓

4）识别风险始于心 认真普查践于行

5）认认真真搞风险普查 踏踏实实走群众路线

6）参与灾害风险普查 履行每个公民义务

7）灾害涉及千家万户 普查关系百姓生活

8）普查当下风险 规划美好未来

9）普查时有你参与 普查后成果为你

10）全国自然灾害综合风险普查：功在当代、利及千秋

11）自然灾害综合风险普查：重在参与、贵在真实

12）风险关系你我他 普查准确靠大家

13）风险普查走万家 掌握底数靠大家

14）风险普查为民靠民 普查成果便民益民

15）风险普查你我助力 服务社会大家受益

16）人人支持风险普查 家家共享美好生活

17）凝聚风险普查正能量 实现伟大复兴中国梦

18）手牵手搞好风险普查 心连心推进防治工作

19）摸清灾害风险 惠及万家生活

20）风险普查人人尽力 减轻灾害家家受益

21）用微笑支持风险普查 用行动参与风险普查

22）全国自然灾害综合风险普查：当下所需、社会所期、民众所盼

11.99 本次普查有何宣传特点？

有别于以往的测绘地理信息项目的传统宣传方式，北京市自然灾害综合风险普查宣传活动更多借助互联网方式开展，尤其是利用微博、微信等主流自媒体来进行。随着智能手机的快速普及，移动互联网的迅猛发展，自媒体掀起了又一股信息传播的热潮。相比传统的媒体宣传形式，自媒体具有内容简短、易于阅读、便于传播、方便交流等优势。利用微博、微信等自媒体进行自然灾害综合风险普查宣传，不仅可以实时报道普查工作的进展情况，普查先进做法、先进经验，还可以更为快捷地向更为广泛的公众传递普查的目的和意义、与百姓生活的密切关系，以及普及普查基础性常识、知识等。

11.100 本次普查的宣传要求是什么？

（1）提高认识，切实加强领导。高度重视第一次全国自然灾害综合风险普查宣传工作的重要性，把开展宣传工作作为落实全国灾害综合风险普查的一项重要工作，采取多种宣传形式，深入开展风险普查宣传活动，切实形成有利于普查工作顺利实施的社会舆论氛围。

（2）明确职责，加强组织协调。各级各部门要按照普查要求，明确分工，密切配合，通力协作，认真组织落实工作安排中的各项活动。

（3）突出重点，确保宣传效果。普查各参与部门和单位要精心策划，合理安排，在普查工作不同时期，针对不同对象，确定工作重点，逐步开展工作，尤其要在营造普查氛围上下功夫。

参 考 文 献

［1］ 全国自然灾害综合风险普查技术总体组. 全国自然灾害综合风险普查工程（一）开展全国自然灾害综合风险普查的背景［J］. 中国减灾，2020（1）：42-45.

［2］ 金欣，蔡忠周，罗少辉，等. 西宁地区加油站雷电灾害风险普查分析［J］. 现代农业科技，2020（5）：181-184.

［3］ 闫敏慧，王蕾，张金峰，等. 黑龙江省高速公路气象灾害风险普查分析［J］. 黑龙江气象，2020（1）：31-32.

［4］ 我国开展首次自然灾害综合风险普查［J］. 中国应急管理，2020（6）：4.

［5］ 张广泉. 边普查边应用边见效——第一次全国自然灾害综合风险普查综合分析［J］. 中国应急管理，2020（7）：16-19.

［6］ 摸清自然灾害风险隐患底数——解读关于第一次全国自然灾害综合风险普查［J］. 安全与健康，2020（6）：26-28.

［7］ 张广泉. 摸清"家底"防范风险——写在第一次全国自然灾害综合风险普查之际［J］. 中国应急管理，2020（7）：10.

［8］ 汪明. 全国自然灾害综合风险普查工程（二）开展第一次全国自然灾害综合风险普查的重要意义［J］. 中国减灾，2020（19）：24-27.

［9］ 汪明. 以第一次全国自然灾害综合风险普查为契机　全面提升防范化解重大自然灾害风险的能力［J］. 中国减灾，2021（1）：28.

［10］ 国务院普查办印发《第一次全国自然灾害综合风险普查数据共享管理办法（试行）》［J］. 中国减灾，2021（3）：32.

［11］ 杨昱，郝立生，孙玫玲，等. 天津市公路交通气象灾害风险监测预警系统分析［J］. 通讯世界，2018（1）：280-282.

［12］ 罗红梅，向毅，李学敏. 湖南省水上交通主要航道气象灾害风险普查技术研究［J］. 科技创新导报，2018（9）：133-136.